WURENJI DIANLI XUNSHI
PEIXUN JIAOCAI

无人机电力巡视培训教材

彭炽刚　李雄刚　主编

中国电力出版社
CHINA ELECTRIC POWER PRESS

内容提要

传统的以人工为主运维模式已经不能完全适应现代化特高压大电网的安全运维需求。因此特撰写本培训教材。本书以输配电线路知识为开端，介绍了输配电线路相关基础知识，接着介绍关于航空方面的基础知识，再以无人机基础知识为导线，深入探讨无人机实训、无人机巡检以及有关无人巡检的法律法规，最后着重介绍无人机在输配电方面的应用案例等内容。

本书分为六章，第一章为输配电线路知识、第二章为无人机基础知识、第三章为多旋翼无人机操作与实训、第四章为电力巡检安全规定、第五章为无人机电力巡检、第六章无人机应用实例。

本书可供输电线路巡检、运维人员使用。

图书在版编目（CIP）数据

无人机电力巡视培训教材/彭炽刚，李雄刚主编．—北京：中国电力出版社，2020.3（2025.1重印）

ISBN 978-7-5198-4432-5

Ⅰ.①无… Ⅱ.①彭… ②李… Ⅲ.①无人驾驶飞机－应用－输电线路－巡回检测－技术培训－教材 Ⅳ.①TM726

中国版本图书馆 CIP 数据核字（2020）第 038807 号

出版发行：中国电力出版社
地　　址：北京市东城区北京站西街 19 号（邮政编码 100005）
网　　址：http://www.cepp.sgcc.com.cn
责任编辑：岳　璐（010-63412339）
责任校对：黄　蓓　李　楠
装帧设计：王英磊　赵丽媛
责任印制：石　雷

印　　刷：北京天宇星印刷厂
版　　次：2020 年 4 月第一版
印　　次：2025 年 1 月北京第五次印刷
开　　本：889 毫米×1194 毫米　16 开本
印　　张：13.25
字　　数：267 千字
印　　数：3001—3500 册
定　　价：80.00 元

编　委　会

前　言

“十三五”期间，电网规模将继续快速增长，特高压网架将进一步完善。同时架空输电线路还具有地域分布广泛、运行条件复杂，易受自然环境影响和外力破坏等特点。

因此，传统的输电线路运营管理模式和巡检作业方式面临着劳动力强度大、工作条件艰苦、劳动效率低等问题，遇到电网紧急故障和异常气候时，线路运维人员在不具备有利的交通条件时，只能利用普通仪器或肉眼来巡查设施，而超/特高压电网急需先进、科学、高效的电力巡线方式，因此传统的以人工为主运维模式已经不能完全适应现代化特高压大电网的安全运维需求。

本书以输配电线路知识为开端，介绍了输配电线路相关基础知识，接着介绍关于航空方面的基础知识，再以无人机基础知识为导线，深入探讨无人机实训、无人机巡检以及有关无人巡检的法律法规，最后着重介绍无人机在输配电方面的应用案例等内容。

希望本书能对从事架空线路无人机巡检的同仁有所帮助。由于编写工作量大，时间仓促，书中难免存在不足之处，望广大读者批评指正。

目　录

前言

第一章　输配电线路知识 ………………………… 1
第一节　基本概念 ………………………… 1
第二节　输电方式和电压等级 ………………………… 3
第三节　输电线路结构 ………………………… 4
第四节　架空输配电线路的特点 ………………………… 13
第五节　输电线路运行的缺陷 ………………………… 16
第六节　电力巡检 ………………………… 17
第二章　无人机基础知识 ………………………… 23
第一节　无人机概述 ………………………… 23
第二节　无人机分类 ………………………… 32
第三节　多旋翼无人机系统组成 ………………………… 36
第四节　机载设备 ………………………… 72
第五节　无人机飞行原理 ………………………… 75
第六节　无人机与飞行环境 ………………………… 84
第三章　多旋翼无人机操作与实训 ………………………… 89
第一节　多旋翼无人机基础操作 ………………………… 89
第二节　多旋翼无人机操作实训 ………………………… 104
第三节　多旋翼无人机的维护 ………………………… 111
第四节　多旋翼无人机飞行注意事项 ………………………… 117

第四章　电力巡检安全规定 ………… 131

第一节　无人机法规及空域申报 ………… 131

第二节　电力与无人机安全工作规程 ………… 144

第五章　无人机电力巡检 ………… 150

第一节　无人机巡检线路规划 ………… 150

第二节　无人机巡检技术要求 ………… 157

第三节　无人机巡检作业标准 ………… 183

第六章　无人机应用实例 ………… 193

第一节　快速巡查输电线路 ………… 193

第二节　助力抢修恢复供电 ………… 197

第三节　高效除杂线路异物 ………… 200

第四节　灵活协助线路架设 ………… 202

第一章

输配电线路知识

学习目标

知识目标：

（1）熟悉输配电线路的基本概念和组成。

（2）熟悉输配电线路运行中的缺陷和解决方式。

（3）了解电力巡检的方式及其对比。

能力目标：

（1）掌握输配电线路的结构组成。

（2）能分析输电线路运行中的缺陷。

用变压器将发电机发出的电能升压后，再经断路器等控制设备接入输电线路来实现电能输送的线路称为输电线路，从系统变电站向用户供电的线路及城乡变压器之间的，用于分配电能的线路称为配电线路。本章主要介绍输配电线路的基本知识，包括对其基本概念，输电形式和输电等级，输电线路的结构、特点和电力巡检方式的介绍，让学生能较好地掌握输配电线路的相关知识。

第一节 基本概念

一、输电线路

输电线路是指架设于发电厂至地区变电站、地区变电站与地区变电站之间的，用于输送电能的线路。按结构形式分，输电线路分为架空输电线路和电缆线路。

架空输电线路由线路杆塔、导线、绝缘子、线路金具、拉线、杆塔基础、接地装置等构成，架设在地面之上。按照输送电流的性质，输电分为交流输电和直流输电。19 世纪 80 年代首先成功地实现了直流输电，但由于直流输电的电压在当时技术条件下难以继续提高，以至输电能力和效益受到限制。19 世纪末，直流输电逐步为交流输电所代替。交流输电的成功，迎来了 20 世纪电气化社会的新时代。

输电种类按照输送电流的性质分为交流输电和直流输电。19 世纪 80 年代首先成功地实现了直流输电。但由于直流输电的电压在当时技术条件下难于继续提高，以至输电能力和效益受到限制。19 世纪末，直流输电逐步为交流输电所代替。交流输电的成功，迎来了 20 世纪电气化社会的新时代。目前广泛应用三相交流输电，频率为 50Hz（或 60Hz）。20 世纪 60 年代以来直流输电又有新发展，与交流输电相配合，组成交直流混合的电力系统。

二、 配电线路

配电线路分为高压配电线路和低压配电线路。其中电压为 3.6～40.5kV，称为高压配电线路。配电电压不超过 1kV、频率不超过 1000Hz、直流不超过 1500V，称为低压配电线路。配电线路的建设要求安全可靠，同时在保持供电连续性的前提下要尽量减少线路损失和提高输电效率，保证电能质量良好。

三、 输配电线路的区别

输电线路是指连接两个公共变电站之间的线路，电压较高，一般是指 35kV 及以上电压等级的线路。主要用架空裸导线输电，更多的是高压供电，如 110kV 和 220kV、500kV 输电线路，也有用电缆线路输电，主要用于人可以随时触碰到的地方，电压等级多，3～500kV 均有。配电线路是指高压变电站例如 110kV、220kV 变电站降压后，供用电设备的高、低压线路 ，这里的高压是 6～10kV。

练习思考题

1. 架空输电线路由什么构成？
2. 什么是配电线路？其建设要求是什么？

第二节　输电方式和电压等级

一、 输电方式

输电方式主要有交流输电和直流输电两种。通常所说的交流输电是指三相交流输电。直流输电则包括两端直流输电和多端直流输电，绝大多数的直流输电工程都是两端直流输电。对于交流输电而言，输电网是由升压变电站的升压变压器、高压输电线路、降压变电站的降压变压器组成的。在输电网中，输电线、杆塔、绝缘子串、架空线路等称为输电设备；变压器、电抗器、电容器、断路器、隔离开关、接地开关、避雷器、电压互感器、电流互感器、母线等变电一次设备和确保安全、可靠输电的继电保护、监视、控制和电力通信等变电二次设备统称为变电设备。对于直流输电来说，它的输电功能由直流输电线路和两端的换流站内的各种换流设备包括一次设备和二次设备来实现。

二、 电压等级

电压等级分为：①安全电压（通常 36V 以下）；②低压（又分 220V 和 380V）；③高压（10kV～220kV）；④超高压 330kV～750kV；⑤特高压 1000kV 交流、±800kV 直流以上。

目前我国常用的电压等级有 220V、380V、6.3kV、10kV、35kV、110kV、220kV、330kV、500kV、1000kV。电力系统一般是由发电厂、输电线路、变电站、配电线路及用电设备构成。通常将 35kV 以上的电压线路称为送电线路。35kV 及其以下的电压线路称为配电线路。将额定 1kV 以上电压称为“高电压”，额定电压在 1kV 以下电压称为“低电压”。

我国规定安全电压为 42V、36V、24V、12V、6V 五种。

交流电压等级中，通常将 1kV 及以下称为低压，1kV 以上 35kV 及以下称为中压，35kV 以上 220kV 以下称为高压，330kV 及以上 1000kV 以下称为超高压，1000kV 及以上称为特高压。

直流电压等级中，±800kV 以下称为高压，±800kV 及以上称为特高压。

练习思考题

1. 输电方式有哪几种？

2. 电压等级的划分是什么？

第三节 输电线路结构

电网的通道由电力线路、变配电设备构成，从结构上输电线路可以分为架空线路和电缆线路两类，构成架空输电线路的主要部件有导线和避雷线（架空地线，简称避雷线）、杆塔、绝缘子、金具、杆塔基础、拉线和接地装置等，如图 1－1 所示。

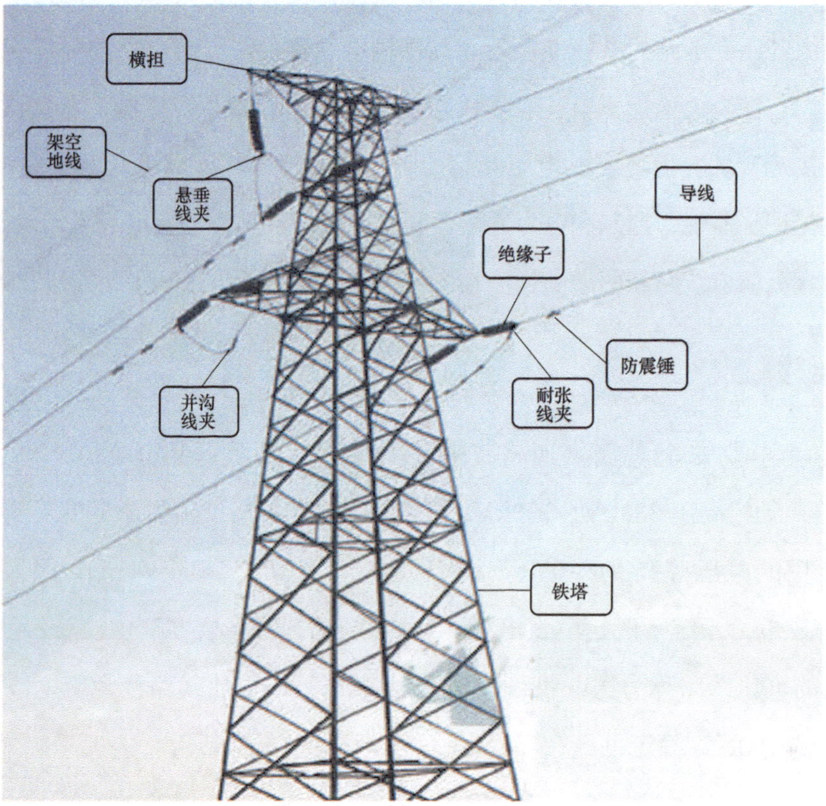

图 1－1 架空输电线路

一、 导线和避雷线

导线是用来传导电流、输送电能的元件。输电线路一般都采用架空裸导线，每相一根，220kV 及以上线路由于输送容量大，同时为了减少电晕损失和电晕干扰而采用相分裂导线，即每相采用两根及以上的导线。采用分裂导线能输送较大的电能，而且电能损耗少，有较好的防振性能。

1. 架空导线的排列方式

导线在杆塔上的排列方式：对单回线路可采用上字形、三角形或水平排列，对双回路线路可采用伞形、倒伞形、干字形或六角形排列，如图 1－2 所示。

(a)　(b)　(c)

(d)　(e)　(f)　(g)

图 1－2　导线在杆塔上排列方式示意图

(a) 三角形；(b) 上字形；(c) 水平形；(d) 伞形；(e) 倒伞形；(f) 干字形；(g) 六角形

导线在运行中经常受各种自然条件的考验，必须具有导电性能好、机械强度高、质量轻、价格低、耐腐蚀性强等特性。由于我国铝资源比铜丰富，加之铝和铜的价格差别较大，故几乎都采用钢芯铝线。

避雷线一般不与杆塔绝缘而是直接架设在杆塔顶部，并通过杆塔或接地引下线与接地装置连接。避雷线的作用是减少雷击导线的机会，提高耐雷水平，减少雷击跳闸次数，保证线路安全送电。

2. 导、地线分类

导、地线一般可按所用原材料或构造方式来分类。

（1）按原材料分类。裸导线一般可以分为铜线、铝线、钢芯铝线、镀锌钢绞线等。

铜是导电性能很好的金属，能抗腐蚀，但比重大，价格高，且机械强度不能满足大档距的强度要求，现在的架空输电线路一般都不采用。铝的导电率比铜的低，质量轻，价格低，在电阻值相等的条件下，铝线的质量只有铜线的一半左右，但缺点是机械强度较低，运行中表面形成氧化铝薄膜后，导电性能降低，抗腐蚀性差，故在高压配电线路用得较多，输电线路一般不用铝绞线；钢的机械强度虽高，但导电性能差，抗腐蚀性也差，易生锈，一般都只用作地线或拉线，不用作导线。

钢的机械强度高，铝的导电性能好，导线的内部有几股是钢线，以承受拉力；外部为多股铝线，以传导电流。由于交流电的集肤效应，电流主要在导体外层通过，这就充分利用了铝的导电能力和钢的机械强度，取长补短，互相配合。目前架空输电线路导线几乎全部使用钢芯铝线。作为良导体地线和载波通道用的地线，也采用钢芯铝线。

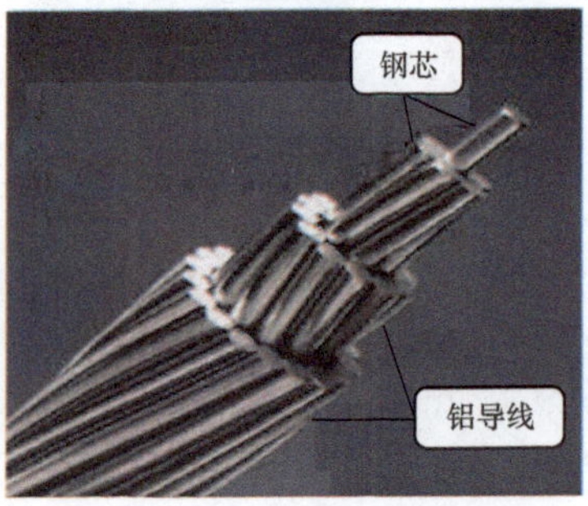

图 1－3　钢芯铝绞线

（2）按构造方式分类。按构造方式的不同，裸导线可分为一种金属或两种金属的绞线。

一种金属的多股绞线有铜绞线、铝绞线、镀锌钢绞线等。由于输电线路采用较少，故这里不作介绍。

两种金属的多股绞线主要是钢芯铝绞线，绞线的优点是易弯曲。绞线的相邻两层绕向相反，一则不易反劲松股，再则每层导线之间距离较大，增大线径，有利于降低电晕损耗。钢芯铝线除正常型外，还有减轻型和加强型两种，如图 1－3 所示。

二、 杆塔

杆塔是电杆和铁塔的总称。杆塔的用途是支持导线和避雷线，以使导线之间、导线与避雷线、导线与地面及交叉跨越物之间保持一定的安全距离。杆塔现场水泥杆图如图 1－4 所示。

1. 杆塔按材料分类

一般可以按原材料分为水泥杆和铁塔两种。

（1）水泥杆（钢筋混凝土杆）。电杆是由环形断面的钢筋混凝土杆段组成，其特点是结构简单、加工方便，使用的砂、石、水泥等材料便于供应，并且价格便宜。混凝土有一定的耐腐蚀性，故电杆寿命较长，维护量少。与铁塔相比，钢材消耗少，线路造价低，但重量大，运输比较困难。

水泥杆有非预应力钢筋混凝土杆和浇制前对钢筋预加一定张力拉伸的预应力钢筋混凝土杆两种。目前，输电线路使用较多的是非预应力杆。

按照规格分类，水泥杆又可以分为等径环形水泥杆和锥形水泥杆两种。等径环形水泥杆的梢径和根径相等，有 300mm 和 400mm 两种，一般制作成 9m、6m 和 4.5m 三种长度，使用时以电、气焊方式进行连接。锥型水泥杆一般用在配电线路上，输电线路的转角杆塔、耐张杆塔、终端杆

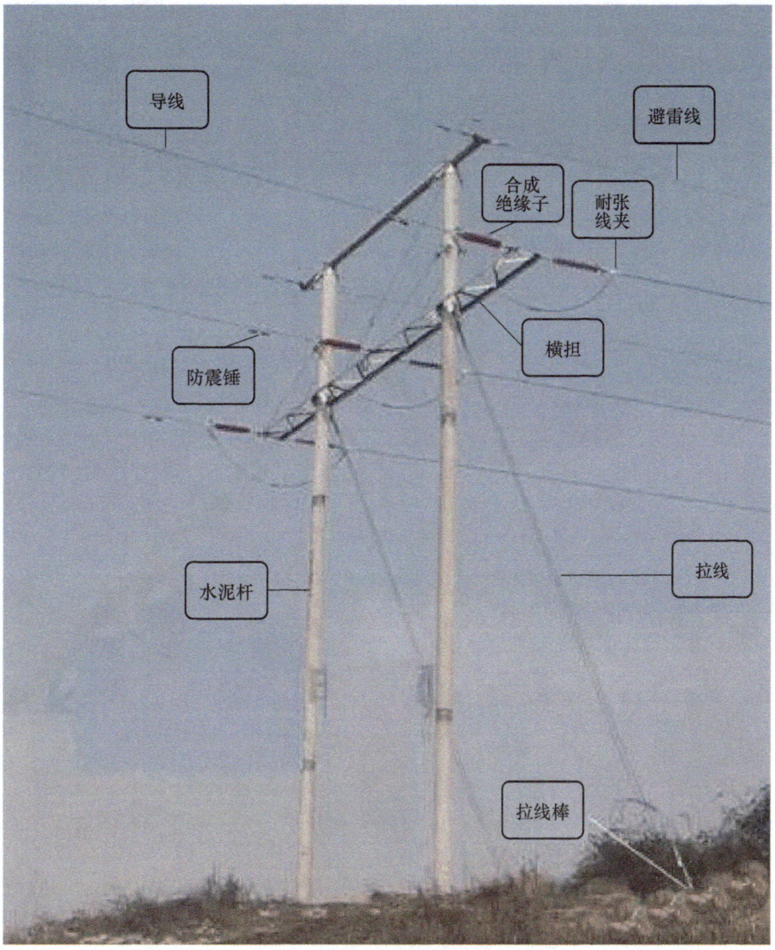

图 1-4　杆塔现场水泥杆图

塔和直线杆塔，均采用等径水泥杆。锥型水泥杆的梢径有 190mm 和 230mm 两种。

（2）铁塔。铁塔是用型钢组装成的立体桁架，可根据工程需要做成各种高度和不同形式的铁塔。铁塔有钢管塔和型钢塔。铁塔机械强度大，使用年限长，维修工作量少，但耗钢材量大、价格较贵。在变电站进出线和通道狭窄地段 35～110kV 可采用双回路窄基铁塔。

2. 杆塔按用途分类

按用途分为直线杆、耐张杆、转角杆、终端杆和特种杆五种。特种杆又包括跨越通航河流、铁路等的跨越杆，长距离输电线路的换位杆、分支杆。

（1）直线杆。直线杆［见图 1-2（a）、（g）］又叫中间杆。它分布在耐张杆塔中间，数量最多，在平坦地区，数量上占绝大部分。正常情况下，直线杆只承受垂直荷重（导线、地线、绝缘子串和覆冰重量）和水平的风压。因此，直线杆一般比较轻便，机械强度较低。

（2）耐张杆。耐张杆［见图 1-2（d）、（e）］也叫承力杆。为了防止线路断线时整条线路的直线杆塔顺线路方向倾倒，必须在一定距离的直线段两端设置能够承受断线时顺线路方向的导、地线拉力的杆塔，把断线影响限制在一定范围以内。两个耐张杆塔之间的距离叫耐张段。

(3) 转角杆。线路转角处的杆塔叫转角杆［见图 1-2 (b)］。正常情况下转角杆除承受导、地线的垂直荷重和内角平分线方向风力水平荷重外，还要承受内角平分线方向导、地线全部拉力的合力。转角杆的角度是指原有线路方向的延长线和转角后线路方向之间的夹角，有转角 30°、60°、90°之分。

(4) 终端杆。线路终端处的杆塔叫终端杆。终端杆是装设在发电厂或变电站的线路末端杆塔。终端杆除承受导、地线垂直荷重和水平风力外，还要承受线路一侧的导、地线拉力，稳定性和机械强度都应比较高。

(5) 特种杆。特种杆主要有换位杆、跨越杆和分支杆等。超过 10km 以上的输电线路要用换位杆进行导线换位；跨越杆设在通航河流、铁路、主要公路及电线两侧，以保证跨越交叉垂直距离；分支杆也叫“T”型杆或叫“T”接杆，它用在线路的分支处，以便接出分支线。

三、横担

杆塔通过横担将三相导线分隔一定距离，用绝缘子和金具等将导线固定在横担上，此外，还需和地线保持一定的距离。因此，要求横担要有足够的机械强度和使导、地线在杆塔上的布置合理，并保持导线各相间和对地（杆塔）有一定的安全距离。

横担按材料分为铁横担、瓷横担。横担按用途分为直线横担、耐张横担、转角横担。

四、绝缘子

绝缘子是一种隔电产品，一般是用电工陶瓷制成的，又叫瓷瓶。另外还有钢化玻璃制作玻璃绝缘子和用硅橡胶制作的合成绝缘子。

绝缘子的用途是使导线之间以及导线和大地之间绝缘，保证线路具有可靠的电气绝缘强度，并用来固定导线，承受导线的垂直荷重和水平荷重。换句话说，绝缘子既要能满足电气性能的要求，又要能满足机械强度的要求。

按照机械强度的要求，绝缘子串可组装成单串、双串、V 型串。对超高压线路或大跨越等，由于导线的张力大，机械强度要求高，故有时采用三串或四串绝缘子。绝缘子串基本有两大类，即悬垂绝缘串和耐张绝缘子串。悬垂绝缘子串用于直线杆塔上，耐张绝缘子串用于耐张杆塔或转角、终端杆塔上。绝缘子的分类如下。

1）普通型悬式瓷绝缘子。普通型悬式瓷绝缘子按金属附件连接方式可分为球型连接和槽型连接两种。输电线路多采用球型连接，如图 1-5（a）所示。

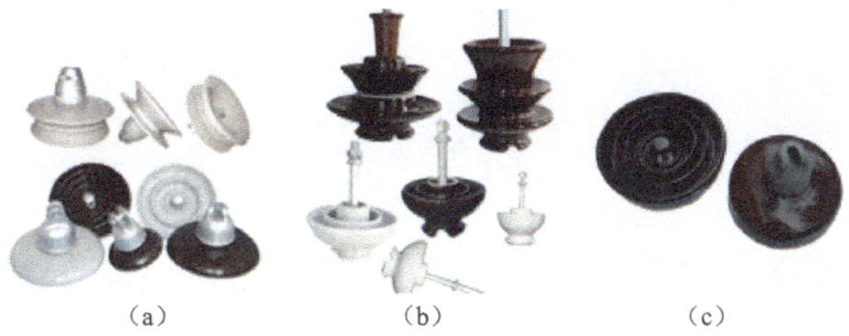

图 1-5　普通型悬式瓷绝缘子、针式绝缘子、耐污型悬式瓷绝缘子

（a）普通型悬式瓷绝缘子；（b）针式绝缘子；（c）耐污型悬式瓷绝缘子

2）针式绝缘子。针式绝缘子，主要用于线路电压不超过 35kV，导线张力不大的直线杆或小转角杆塔。优点是制造简易、价廉，缺点是耐雷水平不高，容易闪络，如图 1-5（b）所示。

3）耐污型悬式瓷绝缘子。普通瓷绝缘子只适用于正常地区，也就是说比较清洁的地区，如在污秽区使用，因它的绝缘爬电距离较小，易发生污闪事故，所以在污秽区要使用耐污型悬式瓷绝缘子，以达到污秽区等级相适应的爬电距离，防止污闪事故发生。如图 1-5（c）所示。

4）悬式钢化玻璃绝缘子。悬式钢化玻璃绝缘子具有重量轻、强度高，耐雷性能和耐高、低温性能均较好。当绝缘子发生闪络时，其玻璃伞裙会自行爆裂。如图 1-6（a）所示。

5）瓷横担绝缘子。瓷横担绝缘子绝缘水平高，自洁能力强，可减少人工清扫；能代替钢横担，节约钢材；结构简单、安装方便、价格较低。如图 1-6（b）所示。

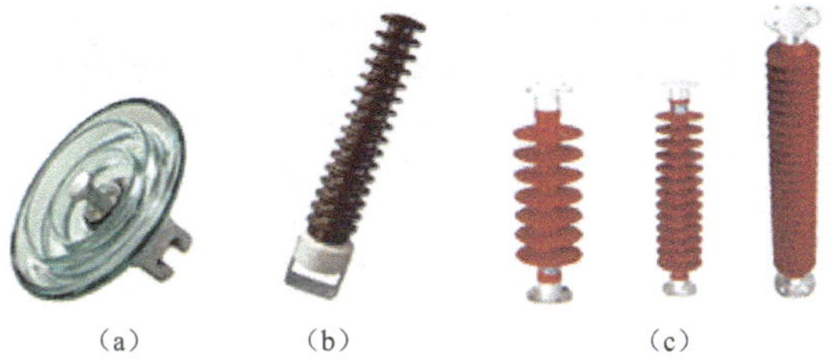

图 1-6　悬式钢化玻璃绝缘子、瓷横担绝缘子、合成绝缘子

（a）悬式钢化玻璃绝缘子；（b）瓷横担绝缘子；（c）合成绝缘子

6）合成绝缘子。合成绝缘子是一种新型的防污绝缘子，尤其适合污秽地区使用，能有效地防止输电线路污闪事故的发生。它和耐污型悬式瓷绝缘子比较，具有体积小、重量轻、清扫周期长、污闪电压高、不易破损、安装运输省力方便等优点。如图 1-6（c）所示。

五、电力线路金具

输电线路导线的自身连接及绝缘子连接成串，导线、绝缘子自身保护等所用附件称为线路金具。线路金具在气候复杂、污秽程度不一的环境条件下运行，故要求金具应有足够的机械强度、耐磨和耐腐蚀性。

1. 金具的用途和分类

金具在架空电力线路中，主要用于支持、固定和接续导线及绝缘子连接成串，亦用于保护导线和绝缘子。按金具的主要性能和用途，可分以下几类：

（1）线夹类。线夹是用来握住导、地线的金具。根据使用情况，线夹分为耐张线夹和悬垂线夹两类，如图1-7所示。

悬垂线夹用于直线杆塔上悬吊导、地线，并对导、地线应有一定的握力。

耐张线夹用于耐张、转角或终端杆塔，承受导、地线的拉力。用来紧固导线的终端，使其固定在耐张绝缘子串上，也用于避雷线终端的固定及拉线的锚固。

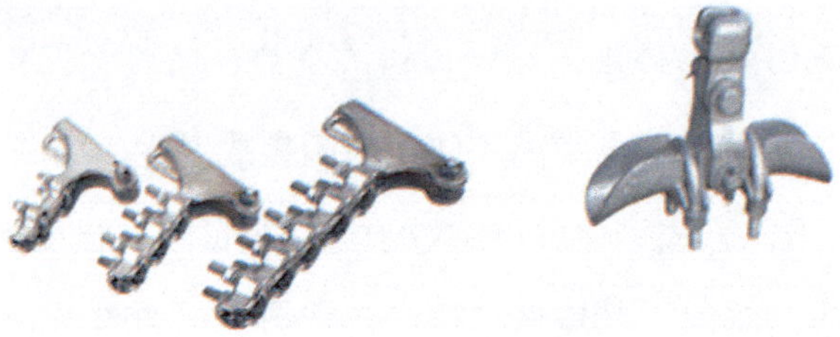

（a）　　　　　　　　　　（b）

图1-7　线夹

（a）耐张线夹；（b）悬垂线夹

（2）联结金具类。联结金具主要用于将悬式绝缘子组装成串，并将绝缘子串连接、悬挂在杆塔横担上。线夹与绝缘子串的连接，拉线金具与杆塔的连接均要使用联结金具，常用的联结金具有球头挂环、碗头挂板，分别用于联结悬式绝缘子上端钢帽及下端钢脚，还有直角挂板（一种转向金具，可按要求改变绝缘子串的连接方向），U型挂环（直接将绝缘子串固定在横担上）、延长环（用于组装双联耐张绝缘子串等），二联板（用于将两串绝缘子组装成双联绝缘子串）等。

联结金具型号的首字按产品名称首字而定，如W—碗头挂板，Z—直角挂板，如图1-8所示。

（3）接续金具类。接续金具用于接续各种导线、避雷线的端头。接续金具承担与导线相同的电气负荷，大部分接续金具承担导线或避雷线的全部张力，以字母J表示。根据使用和安装方法的不同，接续金具分为钳压、液压、爆压及螺栓连接等几类，如图1-9所示。

（4）防护金具类。防护金具分为机械和电气两类。机械类防护金具是为防止导、地线因振动而造成断股，电气类防护金具是为防止绝缘子因电压分布严重不均匀而过早损坏。机械类有防振锤、预绞丝护线条、重锤等；电气类金具有均压环、屏蔽环等，如图1-10所示。

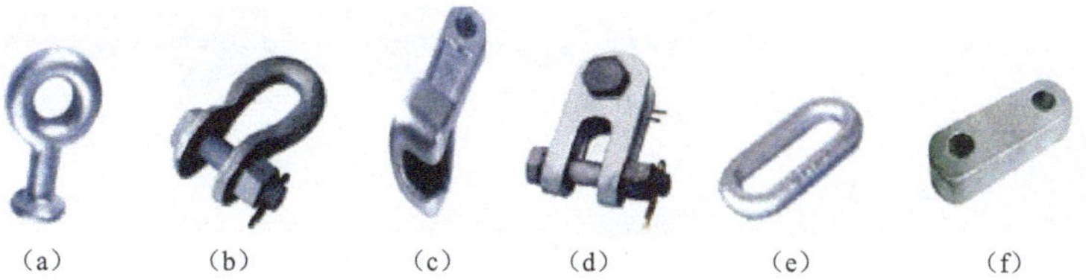

图 1-8　联结金具

（a）球头挂环；（b）U 型挂环；（c）碗头挂板；（d）直角挂板；（e）延长环；（f）二联板

图 1-9　接续金具

（a）钳压接续管；（b）液压接续管

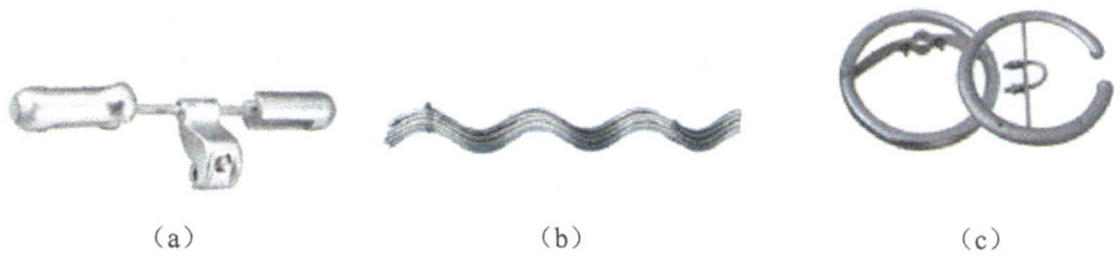

图 1-10　防护金具

（a）防振锤；（b）预绞丝护线条；（c）均压环

六、 杆塔基础

架空电力线路杆塔的地下装置统称为基础。基础用于稳定杆塔，使杆塔不致因承受垂直荷载、水平荷载、事故断线张力和外力作用而上拔、下沉或倾倒。

杆塔基础分为电杆基础和铁塔基础两大类。

（1）电杆基础。杆塔基础一般采用底盘、卡盘、拉线盘，即“三盘”。“三盘”通常用钢筋混凝土预制而成，也可采用天然石料制作。底盘用于减少杆根底部地基承受的下压力，防止电杆下沉。卡盘用于增加杆塔的抗倾覆力，防止电杆倾斜。拉线盘用于增加拉线的抗拔力，防止拉线上拔。

（2）铁塔基础。铁塔基础根据铁塔类型、塔位地形、地质及施工条件等具体情况确定。常用的基础有现场浇制基础、预制钢筋混凝土基础、灌注桩式基础、金属基础、岩石基础。

（3）铁塔地脚螺栓保护帽的浇制。地脚螺栓浇制保护帽是为了防止因丢失地脚螺母或螺母脱落而发生倒塔事故。直线塔组立后即可浇制保护帽，耐张塔在架线后浇制保护帽。

七、拉线

拉线用来起平衡作用，一方面提高杆塔的强度，承担外部荷载对杆塔的作用力，以减少杆塔的材料消耗量，降低线路造价；另一方面，连同拉线棒和托线盘一起将杆塔固定在地面上，以保证杆塔不发生倾斜和倒塌。

拉线材料一般用镀锌钢绞线。拉线上端是通过拉线抱箍和拉线相连接，下部是通过可调节的拉线金具与埋入地下的拉线棒、拉线盘相连接。

八、接地装置

架空地线在导线的上方，它将通过每基杆塔的接地线或接地体与大地相连，当雷击地线时可迅速地将雷电流向大地中扩散，因此，输电线路的接地装置主要是泄导雷电流，降低杆塔顶电位，保护线路绝缘不致击穿闪络。它与地线密切配合对导线起到了屏蔽作用。接地体和接地线总称为接地装置。

1. 接地体

接地体是指埋入地中并直接与大地接触的金属导体，分为自然接地体和人工接地体两种。为减少相邻接地体之间的屏蔽作用，接地体之间必须保持一定距离。为使接地体与大地连接可靠，接地体同时必须有一定的长度。

2. 接地线

架空电力线路杆塔与接地体连接的金属导体叫接地线。对非预应力钢筋混凝土杆可以利用内部钢筋作为接地线；对预应力钢筋混凝土杆因其钢筋较细，不允许通过较大的接地电流，可以通过爬梯或者从避雷线上直接引下线与接地体连接。铁塔本身就是导体，故可将扁钢接地体和铁塔腿进行连接即可。

九、电力电缆

电力电缆是电缆线路中的主要元件。一般敷设在地下的廊道内，其作用是传输和分配电能。电力电缆主要用于城区、国防工程和电站等必须采用地下输电的部位，如图 1－11 所示。

1. 电力电缆种类

目前我国普遍使用的电力电缆主要是交联聚乙烯绝缘电力电缆。

电力电缆种类分为：

（1）按电压等级可分为中、低压、高压、超高压电缆及特高压电缆。

图 1－11　电力电缆

（2）按电流制式分为交流电缆和直流电缆。

（3）按绝缘材料可分为油浸纸绝缘、塑料绝缘、橡胶绝缘以及近期发展起来的交联聚乙烯等。

（4）按线芯可分为单芯、双芯、三芯和四芯等。

2. 电力电缆的结构

电力电缆结构必须有线芯（又称导体）、绝缘层、屏蔽层和保护层四部分组成。

（1）线芯：传输电流，指导功率传输方式，是电缆的主要部分。

（2）绝缘层：将线芯与大地及不同相的线芯在电气上彼此隔离，承受电压，起绝缘作用。

（3）屏蔽层：消除导体表面不光滑而引起的电场强度的增加，使绝缘层和电缆导体有较好的接触。

（4）保护层：保护电缆绝缘不受外界杂质和水分的侵入，防止外力直接损伤电缆。

练习思考题

1. 构成架空输电线路的主要部件有哪些？
2. 杆塔按用途分类可以分为哪几种？
3. 绝缘子可以分为哪几类？各有什么优点？

第四节　架空输配电线路的特点

一、架空输电线路

1. 架空输电线路的作用

伴随着社会的不断发展与进步，电力部门通过架空输电线路的方法来对远距离的用户提供用电，这样不仅能够有效降低资金的过多投入，还能够真正实现系统联网的目标，可以保证系统中电能与电能之间更好的调节。与此同时，当该系统需要安装大型机电组时，利用多区域或是跨区域的调节方式，来承担用电高峰期的电力负荷，并且，这种架空输电线系统不仅能大大提高整个电力系统的安全稳定性，还有利于增强其自身整体的抗震能力。

2. 架空输电线路的特点及故障防治对策

在实际的架空输电线路工程施工中，施工人员通常都会利用金具与绝缘子来将输电导线架设在电线杆塔上，从而使其与地面、建筑物之间保持一定的距离。虽然这类工程具备施工简便、速度快等优点，但对于远距离的架空输电线路来说，尤其因为需要输送的容量较大，传输距离较远，这会大大增加线路的输电压力，输电线路的抗阻能力也会逐渐降低，再加之受到自然因素或是其他方面因素的影响，就很容易引发各种安全事故。

（1）雷害原因及预防措施。

雷害原因：在当前架空输电线路运行过程中，雷击是一种比较常见的危害形式，其主要是在雷雨天气下，输电线路与雷电之间产生了一定的电压，这就势必会对输电设备造成较大的损坏。但是，因为这一危害形成的因素较多，相关技术人员一直以来都在积极寻求有效的解决办法。

预防措施：一般情况下，为了防止架空输电线路受到雷电灾害，大部分电力企业普遍采用了综合性的防治措施，主要是从架设避雷线、增强电气绝缘性等几方面入手，并对所有的接地装置进行全面的检查与维护，一旦发现线路中存在不良接地的部分，就要及时对其进行修改或调整，以此来保证架空输电线路系统安全可靠的运行。

（2）绝缘子故障原因及预防措施。

故障原因：主要由劣质绝缘子、绝缘子污闪、有效干弧距离偏小所致。劣质绝缘子产生的原因主要是绝缘子制造过程中瓷体焙烧不良，水泥胶合剂干缩较大，导致瓷件产生空隙吸潮；瓷（玻璃）体成型压力不均、冷却不良而产生内应力，以及因瓷体、水泥、金具的热膨胀系数差异产生内应力，使瓷体产生裂纹。

预防措施：首先，施工人员在对绝缘子进行选择时，一定要对其质量进行严格的把关。坚决不允许使用质量不合格的绝缘子产品，从而影响架空输电线路的运行效率与质量。其次，施工人员在对绝缘子进行安装和运输的过程中，必须充分做好绝缘子的保护工作，避免其受到外力作用而发生损坏。再者，电力部门还要高度重视线路的日常管理及检修工作，定期对老化的绝缘子进行更换，防止发生安全事故。

至今为止，瓷质绝缘子已经拥有较长的发展历史，由于其自身具备绝缘性佳、经济低廉的优点，受到了电力部分的高度重视与青睐，并被广泛应用于早期的架空输电线路工程中，更为我国电力工业的可持续发展起到了至关重要的促进作用。但是，这种绝缘子也存在一定的缺点，当其产生零值时，虽然外表并不会有着明显的区别，可正因为这一隐蔽性质，使其具有潜在的安全隐患，这就需要电力工作人员必须定期对零值进行认真全面的检测，不仅要花费大量的人力物力，还很容易在检测过程中发生漏检的情况，造成更加严重的经济损失。伴随着电网建设规模不断的扩大，瓷质绝缘子已经远远无法再满足于现代电力行业发展的需求，逐渐面临淘汰的局面。

（3）架空线路断裂原因及预防措施。

断裂原因：众所周知，架空输电线路在正常使用过程中，难免会受到外界作用力的影响，这样就会导致架空线路产生断裂。其中最为常见的就是微风振动问题，尽管其风力较小，但由于架空线路长期老化的原因，并不能长时间地被振动，不然就极有可能会对架空线路造成一定的安全威胁。

预防措施：合理安装防振锤或阻尼线，严把安装质量关，严格验收，防止发生防振锤或阻尼线跑位、跌落现象。对线路进行科学巡视维护，及时补充掉落的防振锤或阻尼线。

（4）外力破坏故障的原因及预防措施。

外力破坏故障原因：架空输电线路的运行环境特殊，难免会遭到机械撞击基础或杆塔、洪水冲刷基础和拉线、施工机械磕碰线路、塔材拉线被盗等外力破坏情况，严重时会导致倒塔断线故障。

预防措施：①线路建设、运行等各阶段根据现场情况前瞻性地设置保护措施，例如防撞、防雨水冲刷设施。②合理应用防盗螺栓技术。③加强线路巡视维护、综合治理。

综上所述，为了保证架空输电线路系统安全可靠的运行，电力工作人员要切实结合其自身存在的各种特点与作用，对其进行科学合理的利用，并对其中存在的危害问题进行深入的调查分析，从而采取相对应的解决对策，加大对架空输电线路安装施工的质量监管，防止一切安全隐患的发生，促使整个系统的稳定运行，为广大群众提供更优质的供电服务。

二、 配电线路

1. 分类

配电线路是电力系统的重要组成部分，按结构可分为架空线路和电缆线路两大类。架空线路将导线架设在杆塔上，并暴露于空气中，电缆线路是将电缆敷设于地下或水底。

2. 架空线路和电缆线路的优缺点

架空线路的优点是结构简单，架设方便，投资少；传输电容量大，电压高；散热条件好；维护方便。

架空线路的缺点是网络复杂和集中时，不易架设；在城市人口稠密区架设既不安全，也不美观；工作条件差，易受环境条件，如冰、风、雨、雪、温度、化学腐蚀、雷电等的影响。

电缆线路与架空线路相比，具有以下优点：

(1) 不易受周围环境和污染的影响，送电可靠性高。

(2) 线间绝缘距离小，占地少，无干扰电波。

(3) 地下敷设时，不占地面与空间，既安全可靠，又不易暴露目标。

缺点是：

(1) 成本高，一次性投资费用比较大。

(2) 电缆线路不易变动与分支。

(3) 电缆故障测寻与维修较难，需要具有较高专业技术水平的人员来操作。

练习思考题

1. 什么会引发输电线路的故障？其防护对策是什么？

2. 说出架空线路和电缆线路的优缺点。

第五节　输电线路运行的缺陷

一、基本概念

输电线路设备超出设计和运行规范标准即为输电线路的缺陷。

二、输电线路缺陷分类

输电线路缺陷包括线路本体缺陷、附属设施缺陷和外部隐患缺陷三类。

本体缺陷：组成线路本体的构件、附件、零部件，包括基础、杆塔、导地线、绝缘子、金具、接地装置等本身的缺陷。

附属设施缺陷：附加在线路本体上的各类标志牌、警告牌及各种技术监测设备出现的缺陷。

外部隐患缺陷：外部环境变化对线路安全运行已构成某种潜在性威胁的情况（如在保护区内新建房屋、植树竹、堆物、取土、线下施工车辆作业等对线路造成的影响）。

练习思考题

输电线路缺陷可以分为哪几类？

第六节 电力巡检

一、电力线路巡检

电力线路巡检是输电线路的核心工作。因为电力线路的正常运行时刻影响着人们的生活用电和生产用电，可以说，电力线路巡检是维护整个电网的首要工作之一。

电力线路日常巡检工作内容包括：

（1）巡查电力线路沿线情况。

1）检查防护区内有否堆放可燃、易爆物品和广告牌、漂浮物等，有否新建的建筑物、构筑物，有否新植高杆植物，原有的竹树是否需要修剪。

2）检查防护区内有否开挖、填土，是否出现高大机械和移动设施。

3）线行周围是否有新建污染源。

（2）巡查杆塔、基础及拉线部分。

1）检查杆塔有无倾斜、横担挠曲及各部件严重锈蚀、变形，缺螺栓或螺帽、缺塔材。

2）检查混凝土杆是否有裂纹、水泥脱落钢筋外露。

3）检查拉线是否锈蚀、断股、松弛、张力不均，缺螺栓、螺帽。

4）检查杆塔基础及拉线地锚土壤有否突起或沉陷，基础上拔或下沉，护基被冲刷坍塌，防洪设施坍塌或损坏，杆塔基础及拉线周围开挖填泥土，位于山上的杆塔基础护坡有否变形或坍塌、周围山体有否滑坡、排水沟是否畅通等。

5）检查杆塔护坡、挡土墙、排水沟是否有变化，水土是否有流失，是否能起到保护杆塔的作用。

（3）巡查导线、避雷线及附件部分。

1）检查导线、避雷线的弧垂是否正常，对地及交叉跨越设施及对其他物体距离是否符合标准，爆压型耐张压接是否有拉脱走位现象。

2）检查导线和避雷线锈蚀情况，有无断股、损伤或闪络烧伤，跳线对杆塔空气间隙是否合格。

（4）巡查绝缘子（合成绝缘子、玻璃绝缘子、瓷质绝缘子）、瓷横担。

1）直线杆塔绝缘子串偏斜是否超过规定，瓷横担偏斜是否超过标准。

2）瓷横担绑线松动、断股烧伤。

3）金具是否有较严重的锈蚀、裂纹、开焊，开口销及弹簧销缺少或代用或脱出。

（5）巡查防雷设施。

1）外部放电间隙有无距离变动、变形、烧损。

2）避雷器有否破裂、损坏，与设备连接是否良好。

（6）电缆巡视。

缆沟沿线情况检查（包括检查外力破坏、动土开挖、堆放、违章建筑、沟上植树、电缆沟盖板、标示牌、线行杂草等）；终端检查（包括电缆终端塔塔脚接地、电缆终端塔围栏、电缆本体、电缆支架、电缆头漏油、过流发热、电气连接、外绝缘污染、避雷器、环流线、接地箱等）。

二、 传统电力巡检

电力线路巡检工作的目标是有效消除可能的隐患或损失，保障电网运行安全，进而降低成本、提高工作绩效的高效管理。而传统的输电线路巡检主要是由工作人员到线路现场人工目测，巡检效率低，劳动强度大，而且在巡检盲区，特别是越山、跨江线路，地势险峻，路途崎岖，巡检难度大。因此，用传统的手段对输电线路实施巡检，已经不适应电网发展和现代化管理的需要，如图 1-12 所示。

传统电力巡检的局限体现在：

（1）不利于随时掌握巡检人员执勤的到位情况。无法有效地保证巡检工作人员按要求，按时按周期对所有的线路展开巡察，使巡检工作的质量和线路状态及设施运行数据的真实性得到保证。

（2）不利于及时掌握隐患情况及跟踪管理。很多的重大事故都因为隐患得不到及时解决或解决不彻底而造成的，缺乏有效跟踪复查隐患处理的平台，导致巡检发现输电线路及设施的隐患无法有效跟踪。

（3）不利于真实掌握危及输电线路和附属设施安全运行的状况及可靠的记录存档。目前，大多巡检仍在使用手写报告记录的方式记录巡检信息。抢修抢险过程以纸张手写记录，不仅信息不

图 1－12　传统的电力巡检

全面，而且随意性较大。这种方式费工、保存不便。如果录入电脑存档，又存在数据丢失，录入错误的问题，耗工费时且很难全面体现真实情况。

（4）不利于进行数字化分析管理和辅助决策的实施。巡线前，要准备巡线任务单和操作程序卡；巡线中发现设备缺陷，又要填写危险点及安全措施单据等记录单，不仅工作繁琐，而且对发现的线路隐患及故障无法进行有效的分类统计分析、线路和附属设施的运行状况、运行参数等历史数据无法有效地被利用，不易查询，对隐患类型、设备缺陷的分析，乃至季节性、阶段性的工作重点，都无法进行有效到位的安排。

（5）不利于及时抢修任务分派和就近调度。当发生事故或抢修任务时，抢修应急反应速度无法考核，无法掌握事故处理细节，不利于产出有效的跟踪分析，提高各项应急处理效能。

（6）不利于实施巡视抢修。特别是在偏远的山区，由于大多数线路设施位于群山之中，杆塔位置偏僻且路途遥远、植被淹没运行小道、野兽出没多发；如果工作人员对地形不熟悉，时常会迷失巡线方向；有时深入通信盲区时，经常难以准确掌握巡线组方位和情况，万一遇到紧急情况，后果不堪设想。巡视人员还要攀爬铁塔，带电登高作业等，导致人工巡线劳动强度大、危险性较高、工作效率较低等。

三、 无人机电力巡检

随着近几年国民经济的迅猛发展，我国输电线路千米数同比不断增加。由于输电线路设备大多暴露在野外环境运行，气象条件复杂、现场环境多变，导线、避雷线、绝缘子、金具在长时间运行后，由于各种力的长期作用，可能发生断股、锈蚀、过热等情况。过去依靠人工逐基杆塔巡视的作业方法巡视工作量大，复杂的地理环境给巡视人员带来未知的安全风险，过去落后的人工巡检方式消耗了大量的人力和资源，使得更多深入的工作无法有效展开。所以，随着无人机技术的普及，利用无人机巡线，智能高效，省时省力。

无人机用作超高压输电线路巡检工作，最简单的方式是把小型摄像机、照相机或红外测温装置固定在飞机云台内。飞行当中对导线及绝缘子串进行摄像时，只需一人操纵飞机，进行全线拍摄或悬停空中对重点部位、已发现的缺陷进行拍照取样，通过放大影像分析缺陷成因和制定检修方案。现在使用的无人直升机可以对杆塔倒塌、倾斜、线路断线、绝缘子脱落、树林碰线等明显现象进行快速分析识别，既克服了地面巡线班组距离太远和观测视场角太小的难题，也解决了有人直升机巡线的费用高、安全性差、精度低等问题，无人机巡检可完成的任务如表 1-1 所示。

表 1-1　　无人机巡检可完成的任务

设　备	可见光检测	红外光检测
导线	断股、异物悬挂	发热点
线夹	松脱	接触点发热
引流线	断股	发热点
耐张管	破损	发热
接续管	破损	发热
绝缘子	闪落迹象、破损、污秽、异物悬挂等	击穿发热
杆塔	鸟窝、损坏变形、紧固金具松脱、塔材被盗	
线路走廊	植被、违章建筑	

相较比传统的电力巡检方式，无人机电力巡检的优点体现在：

（1）巡检效率高，大幅缩减光伏电站巡检所需人数及巡检时间，节省人力运维成本，具有更高的经济效益。

（2）机动性高，它在空中飞行可以不受地面障碍物等的限制自由移动。针对电力线路多地形起伏等特点，运用无人机巡检既省时又省力。

（3）无人机巡检更安全。解决了电力线路的地理位置难于巡检的难题，及以往人工巡检可能带来的人员安全问题，如图 1-13 所示。

（4）无人机巡检更精准。传统人工地面测温的时候测量距离远，误差大。无人机可以检测肉眼看不到的温度变化，精准度大幅度提高，发热的问题部位更易确认。轻松观察到导线和绝缘子异常，及时检修，消除隐患，防止故障发生，如图 1-14 所示。

图 1-13　无人机在险峻地区进行电力线路巡视

图 1-14　无人机检测线路上设备的温升异常情况

四、 无人机电力巡检的社会资料

大疆是我国一家全球领先的无人飞行器控制系统及无人机解决方案的研发和生产商。2017 年 6 月 6 日，大疆宣布成立慧飞无人机应用技术培训中心（Unmanned Aerial Systems Training Center，UTC）。慧飞无人机培训中心经过研究电网的巡检模式，开创了业界首例无人机电力巡线课程，通过专业的飞行课堂，教授学员飞行安全、飞行器原理与组装、故障分析与维修以及输电线路的专业无人机培训，进一步提高巡检人员的无人机巡检能力和效率。慧飞无人机培训中心专注于培养学员日常及故障巡检操作标准，以及特殊情况下飞行器的紧急处理能力，降低操作风险，提供规范化的巡检作业标准，能全面指导巡检员工各种专业操作方法，协助电网员工更快更好地开展线网巡检工作，如图 1 - 15 所示。

图 1 - 15　教员对电网人员进行无人机巡检实操教学

科技的进步令人惊叹，无人机应用在电力行业的使用也越来越广。除了目前慧飞提供的常规解决方案以外，还可以使用建模软件、二次开发等来满足更多专业定制化的巡线需求。

练习思考题

1. 传统的电力巡检方式是什么？有什么缺点？
2. 利用无人机巡检的优点是什么？

第二章 无人机基础知识

学习目标

知识目标：

（1）了解无人机的分类。

（2）熟悉多旋翼无人机的系统组成。

（3）了解无人机有哪些机载设备。

（4）熟悉无人机的飞行原理与飞行环境。

能力目标：

掌握无人机的系统组成。

无人机（UAV）是利用无线电遥控设备和自备的程序控制装置操纵的不载人飞行器，无人机系统主要包括飞机机体、飞控系统、数据链系统、动力系统等。无人机可用于执行航拍、勘测、自主侦察等任务，具有广泛的军事、民用和科学研究价值，这也使其成为世界各国科研机构的研究热点。无人机作为电力巡检的主要设备，具有重要的意义，本章主要介绍无人机基本原理和结构，让学生对无人机系统有基本了解和能无人机的飞行原理。

第一节 无人机概述

一、 无人机定义

无人驾驶飞机简称“无人机”，英文简称“UAV”，是利用无线电遥控设备和自备的程序控制装置操纵的不载人飞行器。无人机实际上是无人驾驶飞行器的统称，从技术角度定义可以分为无人固定翼飞机、无人垂直起降飞机、无人飞艇、无人直升机、无人多旋翼飞行器、无人伞翼机等。与载人飞机相比，它具有体积小、造价低、使用方便、对作战环境要求低、战场生存能力较强等优点。

由于无人驾驶飞机对未来空战有着重要的意义，世界各主要军事国家都在加紧进行无人驾驶飞机的研制工作。2013 年 11 月，中国民用航空局（CA）下发了《民用无人驾驶航空器系统驾驶员管理暂行规定》（简称《规定》），由中国 AOPA 协会负责民用无人机的相关管理。根据《规定》，中国内地无人机操作按照机型大小、飞行空域可分为 11 种情况，其中仅有 116kg 以上的无人机和 4600m^2 以上的飞艇在融合空域飞行由民航局管理，其余情况，包括日渐流行的微型航拍飞行器在内的其他飞行器，均由行业协会管理或由操作手自行负责。

二、 无人机的发展及趋势

无人机是全球新一轮科技革命和产业革命的热点，其产业发展关乎国家利益、公民权益。由于无人机具有成本相对较低、无人员伤亡风险、生存能力强、机动性能好、使用方便等特征，特别是在许多复杂、危险的空中活动中更具备独特优势，在影视航拍、传统农林业、工业作业、灾害救援、公共安全以及消费娱乐业领域得到广泛应用。无人机代表着未来通用航空业的发展方向，将成为中国经济增长的新动力。

（一）民用无人机是国家战略性新兴产业

民用无人机产业的研发、制造和应用是衡量一个国家科技创新和高端制造业水平的重要标志。随着无人机研制、生产成本不断降低，其应用范围日益广泛，具有旺盛的市场需求和广阔的发展前景，在国民经济建设中的作用日益突出，将会成为支持中国经济发展的重要产业。

1. 民用无人机是“中国制造”的代表性产业

国务院制定的《中国制造 2025》规划要求推进无人机产业化快速发展。我国民用无人机产业起步晚，进步快。近年来，随着工业产业链配套的成熟，以及无人机技术的发展成熟，我国从单纯的生产加工制造转向自主研发，在民用无人机制造方面处于世界前列。中国的无人机产业以产品在国际市场创造了新奇迹，中国无人机厂商实现了中国制造升级到中国创造的转型。民用无人机作为通用航空行业异军突起的“中国制造”代表性产业，随着行业应用的加速推广、消费领域的需求爆发以及新应用领域的拓展，无人机系统未来将是航空业最蓬勃发展的部分。

2. 民用无人机产业促进传统行业转型升级发展

根据各行各业的具体需求与工作标准实施无人机作业，能够降低人力物力成本，提高工作效率与质量，还减少环境污染和节省时间，可替代各行业传统作业方式。目前，在农业、电力、通信、气象、农林、海洋、勘探、影视、执法、救援、快递等专业领域的应用，无人机都显示了极好的技术效果和经济效果。随着大数据、云计算、移动互联网等信息技术与无人机技术的相互融合，民用无人机产业链已从“垂直进步”走向“水平进步”，通过开拓不同的应用场景综合性地带动整体国民经济发展，推动新兴产业发展满足社会经济活动的需要，大幅提升我国航空工业竞争优势与核心竞争力。

3. 民用无人机产业是军民深度融合发展的新领域

民用无人机技术起源于军用无人机技术。随着军民融合发展国家战略的深入实施，无人机技术的飞速发展和军民技术的深度融合，我国将进一步增强自主设计研发无人机的能力，催生出一系列服务国民经济社会发展的种类齐全、功能多样、安全可靠的无人机产品系列，从而形成配套齐全的研发、制造、销售和服务的产业体系。

（二）我国民用无人机产业市场现状分析

民用无人机用户基本上由政府部门、商业公司、个人爱好者构成，民用无人机产业主要分为消费级和工业级两个市场。

1. 消费级无人机市场现已进入红海阶段

随着无人机产业链配套逐渐成熟、硬件成本不断下降和市场价格的降低，无人机市场关注度持续攀升，消费级无人机的客户群体从小众拓展至大众，客户规模呈现指数级增长。近年来爆发式增长的无人机产业点燃了创业企业及互联网巨头的热情，红杉资本、红点资本等全球顶级风投机构进入消费级无人机市场，高通、通用、英特尔、谷歌、腾讯、小米等企业巨头纷纷加入，甚至宗申动力、山东矿机等传统制造企业也蜂拥而至，还有很多尚未出名的小团队也在开发消费级无人机，大量低成本同质化无人机的不断进入让市场竞争更加焦灼，整个市场呈现出一片火热的状态。迄今，在注册名称中直接含有无人机字样的中国公司，已有474家，近三年内成立的为439家，占比93％。2016年年末，无人机行业“负面”新闻不断，许多无人机项目失败，部分无人机厂商产品质量问题频发、内部管理混乱、出货靠刷单、拖欠供应商货款等。由于国内无人机产业的整体水平仍然良莠不齐，产业市场目前已经呈现出拥挤态势。无人机行业很快将迎来洗牌整合，资本正从跟风式的概念投资转向理性的价值导向的理性投资，并开始关注和最新人工智能产品以及无人机软件服务相关的其他领域，如表 2-1 所示。

表 2-1　　国内各应用领域的民用主流无人机厂商

应用领域	主要参与者	进入时间
航拍及娱乐	大疆创新等消费级厂家	2006 年
农林植保	大疆创新	2015 年底
	全丰航空	2013 年左右
	无锡汉和	2012 年之前
	极飞科技	2015 年
	北方天途	2013 年初
电力巡检	易瓦特	2010 年
	臻迪科技	2012 年
警用执法	一电科技	2012 年
	易瓦特	2013 年
	鹰眼科技	2011 年
禁毒侦查	观典防务	2008 年

2. 工业级无人机市场正在处于蓝海时代

与消费级无人机市场不同，工业级市场由于主要侧重飞机的技术性能和行业应用，在实际运用中需要与行业客户进行反复的沟通和不断地改进方案，因此具有很强的客户粘性和壁垒。工业级无人机在行业应用的深度和广泛是技术与经验长期积累的结果，在各行业不同细分领域具有极大的商业价值，可以深入应用于农林植保、电力巡线、石油管道巡检、国土测绘、海洋监测、气象探测、人工降雨、航空遥感、抢险救灾、环保监测、森林防火、警用巡逻、交通监控、物流快递、医疗救护、地质勘探、海洋遥感、新闻报道、野生动物保护等诸多行业场景。我国工业无人机制造应用尚处在起步和示范阶段，总体技术还比较落后，只在为数不多的领域得到较好的发展，在更多工业应用领域依旧是处于不断探索阶段，还没有形成规模化的市场，整体处于爆发前的积累阶段。随着无人机技术的不断发展和商业应用的不断成熟，每个行业领域的潜在需求市场空间极大，无人机在工业领域的普遍应用将具有更大的商业价值和市场规模，如图 2-1 所示。

（三）我国民用无人机产业的发展机遇

无论是资本投入、企业资源配置还是市场的参与度，民用无人机行业已经从盲目扩张转向节制发展，从狂热无序的初期逐步走向理性健康发展的新阶段，发展前景光明。

1. 国家政策环境优化

国务院印发的《关于国家战略性新兴产业发展和信息化》的十三五规划中，针对无人机行业

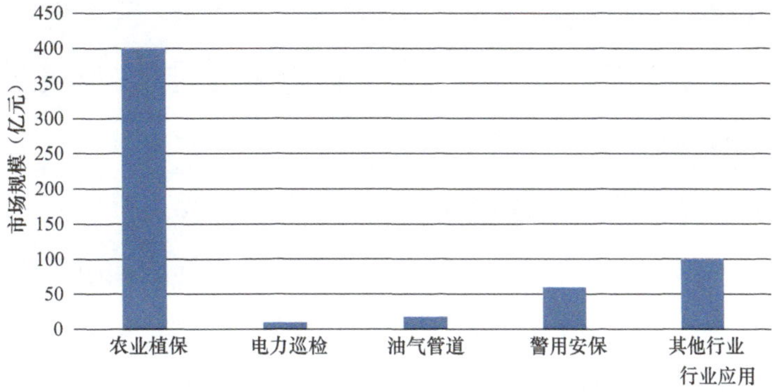

图 2-1　未来 5～10 年工业级无人机市场规模

的发展，均有明确的指导性规划和具体的扶持政策，并积极推动人工智能技术融合应用于无人机，大力推进民用无人机的商用化进程。国家发改委关于推进通用航空发展的政策频繁出台，并积极开展通航产业试点示范。进一步明确通用航空发展路线图，确立了“放管结合以‘放’为主”的通航管理改革思路，并于 2017 年初在华东地区开展无人机研发试飞基地建设试点，探索无人机研发试飞管理，引导无人机有序发展，避免飞行冲突。

2. 产业供应链较完善

无人机所需要的碳纤维材料、特种塑料、锂电池、磁性材料等关键配件及材料，在深圳、成都等地产业配套齐备，我国拥有无人机发展所需的全产业链，可以实现对无人机系统的产品供应链的全部自给。国内无人机厂商借助于完善的电子元器件供应链与庞大供应商系统的支撑，以较低的成本生产和销售产品，凭借强大的性价比优势在海外市场抢占市场。

3. 飞行文化加大普及

无人机从最初少数航模爱好者的小众消费品，到目前火热培训市场的招牌，再到正式入主部分高校相关专业，航空类院校创办了无人机研究机构，社会组织开展了各类航拍、无人机设计、无人机竞技等比赛活动，无人机产业联盟、无人机系统标准协会等行业组织相继成立，各地兴起建设无人机文化小镇、无人机研发制造基地的热潮，应用无人机已成为社会风尚。

（四）我国无人机产业发展现存的现实瓶颈

当前，我国无人机产业虽然比较火热，但是应用范围有限，商业开发和私人使用的市场亟待加强。国内无人机产业发展受到政策、法规、市场、应用等诸多方面的制约，呈现无人机用户“用不了、用不起、用不好”的现象。根据调研情况来看，我国无人机行业面临着诸多发展障碍，主要是以下三个方面的瓶颈。

1. 技术开发还不成熟

虽然无人机技术近年来实现了巨大的突破，产业化水平也得到了大幅提升，但是目前的无人机产品故障率高，无法保证稳定性、良品率和适应性，无人机关键技术水平难突破，其研发能力还需加强。消费领域的无人机还存在诸如GPS信号丢失之后无人机漂移、续航、稳控、负荷有限、机身不够耐久、抗风雨能力弱、维修、网络连接不稳定等问题，用户的使用便捷性不足，娱乐体验还不好。目前国产工业级无人机的技术并不成熟，性能不稳定，无人机的智能性并不能满足使用需求，这成为制约商业应用的核心问题，阻碍着更多的市场需求释放。国内大部分无人机企业都是整合型公司，主要只从事装配业务，就开始为用户提供某项服务或多种服务，而且研发团队不稳定，研究机构创新力量还不够强，任务完成效能不高，真正掌握核心技术的不到10%。

2. 产业市场尚未完善

由于无人机产品性价比不高，技术水平相对落后，导致国产无人机接受程度低、受众规模小，无人机很难在消费市场全面推广普及，推广工业级民用无人机依靠政府补贴和项目扶持的模式不可持续，在一定程度上制约了我国民用专业无人机产业发展。无人机在诸多领域都具有很大的前景，例如公共管理方面，如警用、测绘、环境保护、科学研究和灾害预防和管理等；亦或是商用运营方面，如影视航拍、农业植保、物流载重等，充分挖掘这些领域的民用无人机需求后，将呈现出难以估量的产业发展潜力。

3. 监管政策还不健全

民用无人机坠毁，伤及人、财物、扰乱空中秩序和危及公共安全的事件时有发生，造成严重的安全隐患。生产技术、低成本生产，以及使用者操作不规范和不守法的运营是主要原因。我国无人机政策管理条例虽然有，但法律属性尚不明晰，规定的内容比较笼统，而且缺乏强制执行效力和可操作性，申请流程也不明确，很多无人机操作者很少申请空域，“黑飞”仍然非常普遍，存在着不全面、执行监管不到位的局面，无法解决民用无人机可能带来的安全问题。

（五）民用无人机产业的发展趋势展望

政策、技术和应用需求是无人机产业的三大驱动力，降低成本、注重实用将是今后无人机产业发展的重要特征。随着国家传统产业转型升级与供给侧结构改革落地，在鼓励创业创新的大背景下，极具市场价值的无人机行业将继续保持高速增长。根据行业预测，我国民用无人机产品销售和服务总体市场规模2018年将达到110.9亿元，到2020年将达到465亿元，2025年将达到750亿元，如图2-2所示。

1. 产业体系协同化

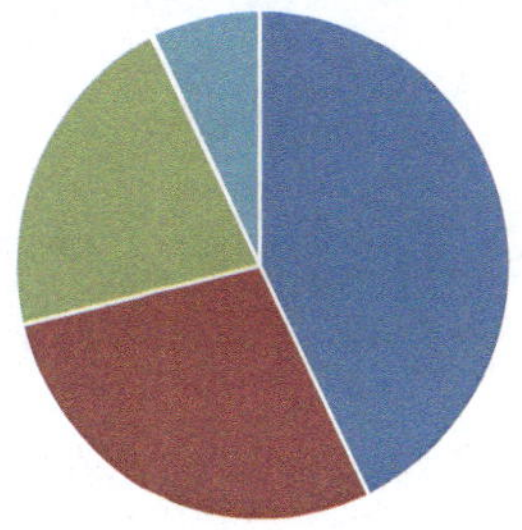

图 2-2 2025 年中国民用无人机细分领域市场规模展望（亿元）

随着无人机市场的逐渐兴盛，无人机产业将从设计、研发、制造等技术领域延伸到无人机租赁、操作员培训等管理、服务、保障领域，进而触及社会生产、生活更广更深的层面，逐步形成一条新的产业链条。通过建立完善的生产制造能力及供应链管理和质量控制能力，增强上下游产业链高度信任磨合，加强顺应时势与需求导向的市场推广，健全完善的销售渠道与售后服务中心等，上下游的企业互相促进，共同成长，构建产业发展的良性循环格局，实现民用无人机产业体系的协同化发展。军用无人机厂商以贯彻军民融合发展战略为契机，利用技术优势进入民用无人机市场。同时，大型消费级无人机企业利用市场优势与技术积累进军工业级市场，工业级无人机企业也可利用专业优势生产迎合大众市场需求的消费级无人机产品。通过无人机产业链上下游企业共同协作创新，跨界融合发展，创新商业模式，从而形成跨产业、跨领域的产业形态，构建制造业与服务业一体化的新型产业体系。

2. 消费产品个性化

消费市场的无人机资本将更多地向视频、相机领域拓展，以形成沉浸式航拍体验，让普通大众享受到无人机飞行的乐趣。消费级无人机企业要抓住市场需求与用户痛点，通过准确定位产品，技术改良升级，增强便携性、安全性、易操控性等，并赋予无人机更多的社交、媒体属性，开发出新的应用场景，推出迷你型、个性化、便携式的消费级电子消费品，让消费者得到意外的使用体验，从而使得行业规模获得更大的拓展。随着技术的进步和多种应用的开发，无人机研发或将以贴近生活、开放开源为立足之本，深层次地满足消费者的需求，在旅游、生活摄影、导航、看护、运动、比赛、娱乐、教育、表演、婚庆、游戏乃至个性化社交等方面的能力得到强化，未来大量用户和设备的聚集将形成空中飞行圈、空中竞技圈等社区，实现无人机实用性和文化性的双重跃进。

3. 行业应用专业化

工业级无人机只有实现用途多领域、性能多样化发展，才能把潜在的需求变为现实的市场。无人机搭载不同负荷之后可适用于多种作业环境，以满足不同作业环境的要求，能够大大提高作业效率，省时省力，并能更好地完成目标任务。美国联邦航空管理局（FAA）批准的无人机商业用途高达 2000 多种，发展趋势不可阻挡。随着对无人机应用价值认知程度的加深，无人机技术的不断创新必将颠覆众多行业的传统作业方式。基于工业级无人机高效的作业与强大的功能，将进一步推进传统行业变革，以实现产业更新升级。随着其在救灾、警务、环保、监测气候、货物运输等方面应用的扩大，尤其是太阳能无人机的使用场景更加丰富，将使无人机呈现出全领域发展的趋势，无人机的经济效益与社会价值更加突显。通过实施“无人机＋”计划，与传统职业跨界融合，细分出无人机应急救援、无人机公共安全、无人机环境保护、无人机石油巡线等垂直应用领域，将开拓全新的无人机产业民用发展新局面。

4. 研发升级智能化

智能化趋势下，消费者对于无人机功能性需求提升，复杂的工业应用场景对无人机也提出了更多技术要求与更高的安全要求，需要深入系统的技术研发，在硬件、软件、算法、系统等构建起飞行安全体系。无人机智能化研发正在不断深入，推动人工智能技术在无人系统领域的融合应用，无人机将集成先进的机器人技术和算法技术，丰富的传感器和任务设备，可以自动、智能化地完成各项复杂的任务。智能无人机与 VR 技术、大数据、云计算、互联网、物联网相结合，未来成为具备智能视觉、深度学习的“空中智能机器人”，能够自适应、自诊断、自决策、重规划，完全脱离人机一体的实体操作，可以实现飞行轨迹、操作控制的全过程数字化与自动化以及未来的交通管理过程的数字化，这将在普通消费用户市场获得巨大的应用空间，延续无人机在工作环境中的价值，向人类提供智慧服务。

5. 运营服务精准化

无人机行业不仅需要技术的创新，还要围绕行业应用市场的实际需求和用户的具体要求，积极探索商业模式来实施精准化的运营服务。随着民用无人机市场的升温，扩大而衍生出的无人机运营企业产业服务主要包括飞行服务、租赁服务、维修保养服务、培训服务、金融保险服务和大数据服务等。无人机飞行服务包括特定应用领域的专业应用服务，现在国内已有专业无人机航拍公司、无人机植保公司等，客户不用购置专业机型和训练飞手，根据工作实际需求购置无人机服务来完成目标任务。工业级无人机售价高，若使用不频繁，可以通过租赁高质量、大规模、全系列的专业级无人机产品来解决。伴随着消费级市场的火热与工业级市场的拓展，无人机研发操作培训、维修保养服务与金融保险服务也拥有较大市场空间。无人机作为空中的数据端口，针对不同行业进行数据采集、传输和存储、提取、分析和展现，为用户提供更精确、更强大的数据流服务。

6. 安全监管规范化

无人机飞行时对其他飞行物和地面人员可能构成安全隐患，可能会带来间谍行为、交通事故、飞入政府禁区、偷拍、偷运毒品、抢占航线等严重的安全问题，这已经引起政府部门与社会各界的强烈关注。虽然现在我国无人机系统已经形成一定规模，有一定的技术储备和制造能力，但是民用无人机的飞行运营、适航管理、安全管理等还没有建立较为完善的标准规范和法规体系，在研发制造、销售使用、流转情况等方面尚无制度安排，导致各种违规飞行现象也随之而来，整体产业发展不规范。我国政府相关部门要建立统一高效的多部门联动协调监管机制，协同制订无人机产业发展顶层规划，并通过立法明确民用无人机的法律属性、制定无人机生产标准与适航标准、加强民用无人机驾驶员管理培训力度、实施统一规范民用无人机的实名登记制度和销售流通备案登记制度、明确和统一民用无人机的申报使用流程、建设无人机监管信息云平台、规范行业市场准入退出制度等举措，从研发、制造、销售、运营等多方面系统进行全方位管理与全过程监管，明确无人机违法违规的行政责任、刑事责任，统一监管、统一追责，防止无人机失控影响公众安全和飞行安全，确保无人机的合理、合法、合规地使用，使我国民用无人机产业实现持续、安全、创新发展。

三、 多旋翼无人机的概念以及发展

多旋翼无人飞行器是一种近几年迅速发展起来的新型无人飞行器，它是一种由三个或者更多旋翼（主要以偶数旋翼数量为主）构成的垂直起降型飞行器，也称多轴飞行器。区别于传统的直升机飞行器，多旋翼各个方向的运动都是由各个旋翼转速差别来完成，具有非常简单的机械结构。

近几年随着多旋翼飞行控制系统的逐步完善，多旋翼飞行器操作难度逐步降低，飞行稳定性逐渐上升。特别是其机械结构相对简单，没有复杂的传动和控制设备，使其飞行可靠性大大提高。2005 年出现的多旋翼飞行器往往还是以玩具的形式出现在市场，无法承担更多实际的作用，随着深圳市大疆创新科技有限公司不断推出更简单实用的新型多旋翼飞行器，多旋翼飞行器市场在 2013 年后迅速爆发。发展至今，多旋翼无人飞行器已经广泛应用在航拍、影视、农业、电力等方面面改变着人们的生活，如图 2－3 所示。

(a)

(b)

图 2－3　多旋翼飞行器

(a) 航拍影视用途大疆悟多旋翼飞行器；(b) 农业植保用途大疆 MG－1 农业植保机

练习思考题

1. 无人机的定义是什么？

2. 简述无人机的发展及趋势。

第二节 无人机分类

一、无人飞行器按照用途进行分类

按用途分类，无人飞行器可分为军用无人机和民用无人机，民用无人机可分为航拍影视类无人飞行器、巡查/监视无人飞行器、农用无人飞行器、气象无人飞行器、勘探无人飞行器以及测绘无人飞行器等。

二、无人飞行器按照重量进行分类

按尺度分类，无人机可分为微型无人机、轻型无人机、小型无人机以及大型无人机。微型无人机是指空机质量小于等于 7kg，轻型无人机是指质量大于 7kg，但小于等于 116kg 的无人机，且全马力平飞中，校正空速小于 100km/h（55nmile/h），升限小于 3000m。小型无人机是指空机质量小于等于 5700kg 的无人机，微型和轻型无人机除外。大型无人机是指空机质量大于 5700kg 的无人机。

目前应用比较多的主要还是微型无人机以及轻型无人机，例如图 2－3（a）的大疆悟飞行器起飞重量接近 3.5kg，属于微型无人机。

三、无人飞行器按照活动半径、高度进行分类

按活动半径分类，无人机可分为超近程无人机、近程无人机、短程无人机、中程无人机和远程无人机。

超近程无人机活动半径在 15km 以内，近程无人机活动半径为15～50km，短程无人机活动半径为 50～200km，中程无人机活动半径为 200～800km，远程无人机活动半径大于 800km。

按任务高度分类，无人机可以分为超低空无人机、低空无人机、中空无人机、高空无人机和超高空无人机。超低空无人机任务高度一般为 0～100m，低空无人机任务高度一般为 100～

1000m，中空无人机任务高度一般为1000～7000m，高空无人机任务高度一般为7000～18000m，超高空无人机任务高度一般大于18000m。

四、 无人飞行器按照平台类型的划分

自1903年莱特兄弟的飞机成功飞行，飞机的发展已经有百年的历史，在这百年内飞行器快速发展，飞机的机翼由两层三层发展到单层，飞机的动力由内燃机螺旋桨发展到涡喷，飞行的速度由每小时200km左右发展到现在的接近每小时4000km。同时，飞行器的类型也出现了多样的变化，在主流固定翼飞行器之外，直升机、旋翼机、飞艇也都在快速发展。以下对常见的三种无人机飞行器类型分别进行介绍，航空器按照结构差别进行划分如图2-4所示。

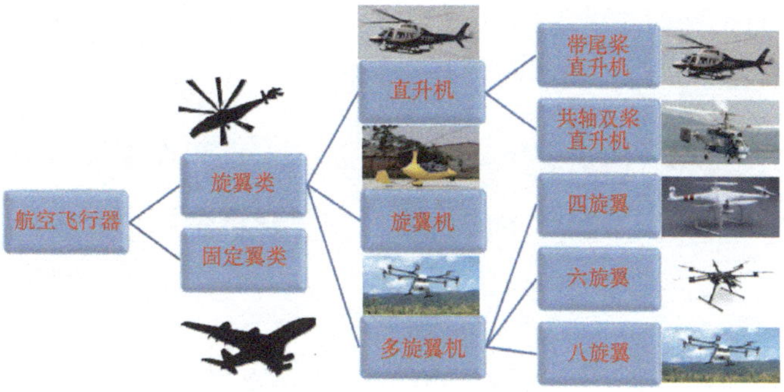

图2-4 航空器按照结构差别进行划分

1. 固定翼

固定翼飞行器的飞机机翼固定无须旋转，靠经过机翼的气流提供升力的飞行器类型。生活常见的民航客机例如A320、波音737，以及战斗机J-10、F-16都属于固定翼飞机的范畴，同时，固定翼飞机也是世界上保有量最大的载人飞行器，如图2-5和图2-6所示。

图2-5 波音737民航客机

图2-6 固定翼飞行器

固定翼飞行器是自稳定系统，其在升空后动力系统工作正常的情况下，固定翼飞行器可以自主抵抗气流的干扰保持稳定。另外，从飞行器姿态控制来说，固定翼是完整驱动系统，意思是它在任何姿态下可以调整到任何姿态，并且保持住这个姿态。从实际操作来看，也就

是固定翼飞行器可以在正常飞行情况下，进入到另外一个复杂的飞行姿态并能够回复到之前的状态。

固定翼飞行器的优点是在三类飞行器里续航时间最长、飞行效率最高、载荷最大、飞行稳定性高，缺点是起飞的时候必须要助跑或者借助器械弹射，降落的时候必须要滑行或者是利用降落伞降落。

因为固定翼飞行器的自身特点，固定翼无人机广泛应用在军用、民用等各个领域，如美国军用无人机全球鹰可实现航程26000km，续航时间42h，可从美国本土起飞到达全球任何地点进行侦察。在民用领域，固定翼无人机广泛应用在测绘、巡逻、航拍等各行各业。同时，载人固定翼飞机也是大面积化学植保作业的主力机型，在美国以及中国大面积连块耕地都有成熟应用。

2. 旋翼无人飞行器

直升机飞行器是由一个或者两个主旋翼提供升力的垂直起降型飞行器。常见的机型是一个主旋翼，同时机尾有尾翼来抵消主旋翼产生的自旋力。直升机主旋翼有极其复杂的机械结构，用以控制飞行器的飞行动作。

直升机飞行器是不稳定系统，升空之后如果不施加控制，飞行器无法保持飞行稳定。同时，从飞行控制来说直升机属于完整驱动系统，可以自由调整姿态。这是因为直升机的桨面不但可以产生相对机身向上的推力，也可以产生相对机身向下的推力。所以直升机虽然不稳定、很难控制，但是当姿态失去平衡时，完全可以控制回到正常的姿态。

直升机飞行器的特点是可垂直起降、无须跑道、地形适应能力强，缺点是机械结构复杂、维护成本高、续航及速度都低于固定翼飞行器。

直升机无人机在军事方面的应用低于固定翼无人机，常见机型有美国的火力侦察兵无人机；在民用领域，直升机无人机主要应用于航拍、农业植保机等方面。同时，载人直升机也是大面积连块耕地植保航空飞防的重要组成部分，在我国农业大省如黑龙江有不少应用，如图2-7和图2-8所示。

图2-7　直升机战斗机

图2-8　直升机农业植保机

3. 多旋翼

多旋翼飞行器是指拥有三个或者更多旋翼的直升机类飞行器，能够垂直起降，属于直升机飞行器的一种，一般称之为多旋翼飞行器，而不再称之为直升机飞行器。多旋翼机械结构非常简单，螺旋桨直接连接电机，全机的运动部分只有桨叶和电机。目前，多旋翼飞行器主要应用在无人飞行器，载人多旋翼飞行器多处于研发阶段，还没有成熟应用。

多旋翼属于不稳定系统，其在飞行及悬停过程中无法实现自稳定；同时，多旋翼飞行器也不是完整驱动系统（或者欠驱动系统），螺旋桨只能产生相对机身向上的升力。所以多旋翼飞行器自身的稳定性在三种主要的飞行器当中是最低的，其正常的飞行必须借助自稳定系统的辅助，如图 2-9所示。

图 2-9　大疆 MG-1 多旋翼农业植保机

多旋翼飞行器的特点是能够实现垂直起降，并且自身机械结构简单，无机械磨损；缺点是其续航及载重在三种飞行器当中是最低的。

4. 三种无人机的综合比较

在续航和载重方面，固定翼无人机可以以较低功率进行巡航，而直升机类无人机螺旋桨产生的升力必须一直大于或等于机身的重量，所以固定翼无人机的飞行效率是最高的；而直升机与多旋翼相比，其螺旋桨直径更大，气动效率更高。

在起降便利性方面，固定翼无人机其起降必须借助跑道或者专用器械，所以其起降的便利性是最低的；多旋翼和直升机都属于垂直起降型飞行器，起降便利差别不大。

在操作难易度方面，拥有自稳系统的多旋翼无人机起降简单、操作易上手，其操纵难度是最低的；固定翼起降较复杂、空中操作较简单；直升机操作复杂，并且其在飞行时会产生较大的气浪声，容易对操纵人员造成心理压力。

在工作可靠性方面，多旋翼无人机没有传动部件，唯一旋转的部件就是螺旋桨，所以其工作可靠性是较高的；固定翼无人机工作可靠性也较高，但是其内部有进行传动控制的结构，降低了可靠性；直升机、无人机拥有复杂的传动结构、减速结构、控制结构，工作可靠性相对较低。

从以上的比较来看，多旋翼飞行器主要的优点是操纵简单、起降方便、工作可靠，这也是其在短短十几年时间迅速发展，成为航拍、影视、植保主要飞行器平台的原因。

练习思考题

无人机的分类是怎样的？

第三节　多旋翼无人机系统组成

一、飞行控制系统

飞行控制系统通过高效的控制算法内核，能够精准地感应并计算出飞行器的飞行姿态等数据，再通过主控制单元实现精准定位悬停和自主平稳飞行。

在没有飞行控制系统的情况下，有很多的专业飞手经过长期艰苦的练习，也能控制飞行器非常平稳地飞行，但是难度和要求特别高，需要非常丰富的实战经验。如果没有飞行控制系统，飞手需要时时刻刻关注飞行器的动向，时时刻刻处于高度紧张的工作状态。而且，人眼的有效视距是非常有限的，即使能稳定地控制飞行，但是控制的精度也很可能满足不了航拍的需求，控制距离越远，控制精度越差。还有，对于不同的拍摄需求，以及面临不同的拍摄环境或条件，人为飞行控制更是难上加难，甚至根本不可能实现。飞行控制系统是目前实现多旋翼无人飞行器简单操控和精准飞行的必备条件。飞控各单元功能如图 2-10 所示。

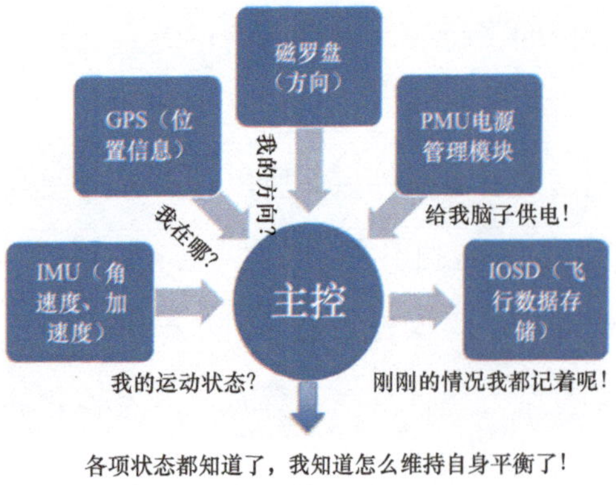

图 2-10　飞控各单元功能介绍

飞行控制系统一般主要由主控单元、IMU（惯性测量单元）、GPS 指南针模块、LED 指示灯模块、PMU（电源管理模块）、IOSD 数据记忆模块等部件组成。IMU 是角速度以及加速度传感器，对飞行器的运动姿态进行侦测并反馈给主控。磁罗盘（指南针）是飞行器方向传感器，对飞行器的方向位置进行侦测并反馈给主控。主控正是在获得角速度、加速度、方向等姿态信息后，才能够对数据进行分析并最终保持了自身的平衡。而 GPS 是全球定位系统，能够确定飞行器所处的经纬度，最终保障飞行器能够实现定点悬停以及自动航线飞行。

整个系统的连接，以大疆创新的 A2 飞控为例，IMU 以及 GPS 整合汇入主控；PMU 一侧连接主电源，一侧连接主控对飞控进行供电；所有的电调接入主控，电调另外一侧接电机，主控通过对电调的控制进而对整个动力系统进行控制；LED 由 PMU 进行供电。如图 2－11 所示。

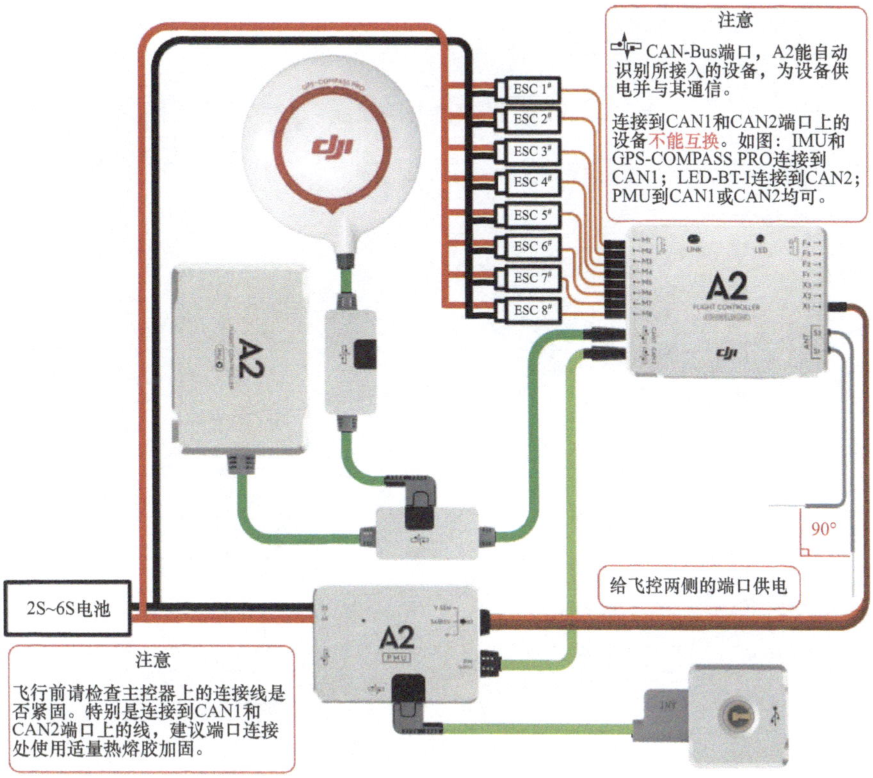

图 2－11　大疆创新 A2 飞控的连接示意图

1. 主控单元

主控是飞行控制系统的核心，通过它将 IMU、GPS 指南针、舵机和遥控接收机等设备接入飞行控制系统从而实现飞行器自主飞行功能。除了辅助飞行控制以外，某些主控器还具备记录飞行数据的黑匣子功能，比如：DJI 的 Ace One。主控单元还能通过 USB 接口进行飞行参数的调节和系统的固件升级，如图 2－12 所示。

主控的功能复杂多样，根据不同的飞控类型拥有不同的功能，以常见航拍类主控大疆 A2 飞控为例，如图 2－13 所示。

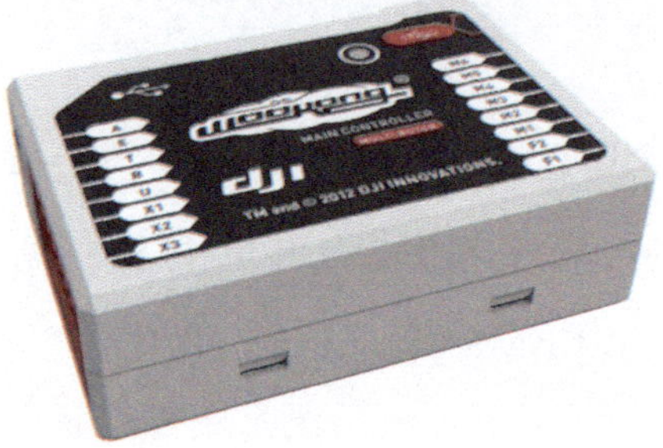

图 2-12 大疆创新的 wookong 飞控

图 2-13 大疆创新的 A2 飞控

A2 多旋翼飞行控制器是一款成熟的工业级商用多旋翼平台飞行控制系统，全方位开创了严苛环境下完美飞行控制及精准定位的新时代。适用九种常用多旋翼平台/支持用户自定义电机混控（如图 2-14 所示）。

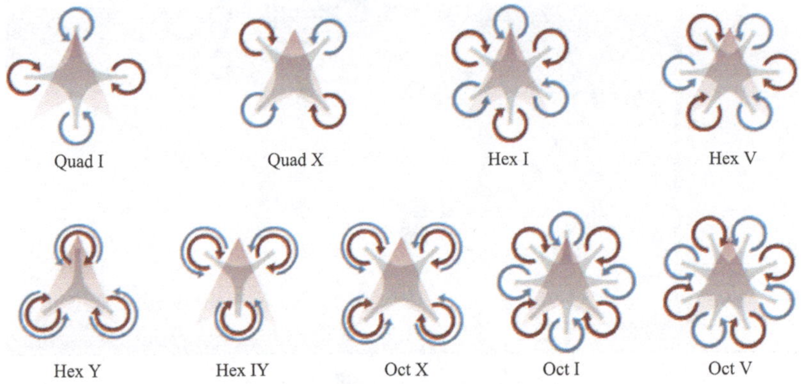

图 2-14 大疆创新 A2 飞控支持的多旋翼类型

（1）热点环绕。A2 具备热点环绕功能，在 GPS 信号良好的情况下，可以通过拨动遥控器上预先设置好的开关，将飞行器当前所在的坐标点记录为热点。以热点为中心，在半径 5～500m 的范围内，只需要发出横滚的飞行指令，飞行器就会实现 360°的热点环绕飞行，机头方向始终指向热点的方向。该功能设置简单，使用方便，可实现对固定的景点进行全方位拍摄的应用，如图 2-15 所示。

（2）智能起落架功能。使用智能起落架功能，一旦通电后，保护起落架在地面默认放下（不会意外收起）；在紧急情况时（如：断桨保护、自动降落等）放下起落架，以保护飞行器和云台；飞行高度超过 5m 后可通过设置的开关控制起落架地收起和放下，如图 2-16 所示。

（3）失控返航/一键返航。当飞行器与遥控器之间，因为控制距离太远或者信号干扰失去联系时，系统将触发失控保护功能，在 GPS 信号良好的情况下，自动触发自动返航安全着陆功能，如

图 2 - 15　大疆创新 A2 飞控的热点环绕功能

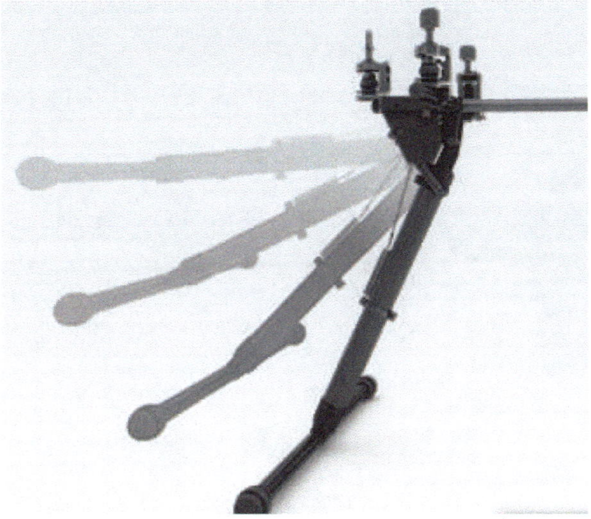

图 2 - 16　大疆创新 A2 飞控的智能起落架功能

图 2 - 17 所示。

此外还新增加了遥控器开关触发自动返航的功能，无须进入失控保护模式。

(4) 断桨保护功能（六轴及以上的机型）。断桨保护功能是指在姿态或 GPS 姿态模式下，飞机意外缺失某一螺旋桨动力输出时，飞机可以采用牺牲航向轴控制的办法，继续保持飞行水平姿态。此时飞机可以继续被操控，并安全返航。这一设计大大降低了炸机的风险。断桨保护功能必须在六轴以上飞行器才可实现，在四旋翼以及三旋翼的前提下，一旦某一旋翼出现故障停止输出，

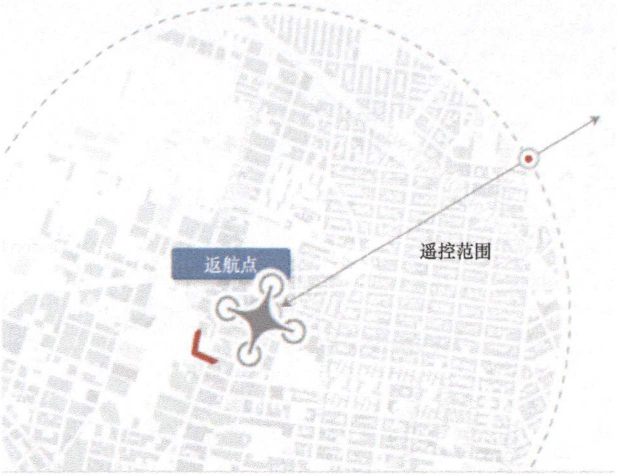

图 2-17　A2 飞控失控返航功能

整个飞行器将瞬间失去平衡，无法实现断桨保护功能。

（5）IMU（惯性测量单元）。包含 3 轴加速度计、3 轴角速度计和气压高度计，是高精度感应飞行器姿态、角度、速度和高度的元器件集合体，在飞行辅助功能中充当极其重要的角色，如图 2-18所示。

图 2-18　大疆悟空飞控的 IMU

一个 IMU 包含了三个以上单轴的加速度计和三个以上单轴的陀螺，加速度计检测物体在载体坐标系统独立三轴的加速度信号，而陀螺检测载体相对于导航坐标系的角速度信号，测量物体在三维空间中的角速度和加速度，并以此解算出物体的姿态。在导航中有着很重要的应用价值。

一旦 IMU 的参数发生异常，飞行器将无法正常进行操作。发现飞行器飞行状态不佳应及时检测 IMU 的陀螺仪模值与加速度模值是否正常，如果数字不在规定范围内，则需要进行校准。

如大疆 MG-1 八旋翼飞行器在静止状态下，其陀螺仪模值应在 1.5 以内，加速度模值在 0.98～1.02，如果超出了这个范围就应对其进行 IMU 校准。

1）角速度。质点做圆周运动的时候，质点与圆心的连线会转过一定的角度。将单位时间内所转过的角度，称之为角速度。如图 2-19 所示，可以模仿对速度的研究方法来研究角速度这个物理量。

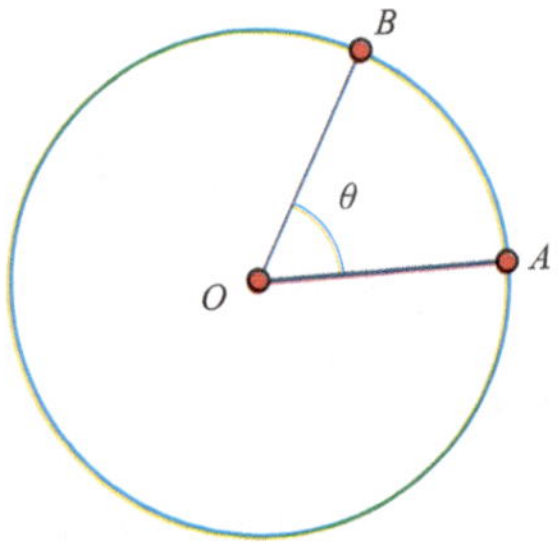

图 2-19　角速度示意

2）加速度。加速度是速度变化量与发生这一变化所用时间的比值，是描述物体速度变化快慢的物理量，通常用 a 表示，单位是 m/s^2。加速度是矢量，它的方向是物体速度变化（量）的方向，与合外力的方向相同。

以生活中的案例来说，同样是一部静止的汽车，A 车从静止加速到 100 码使用 5s，B 车用静止加速到 100 码使用 10s，那 A 车的加速度更快，如图 2－20 所示。

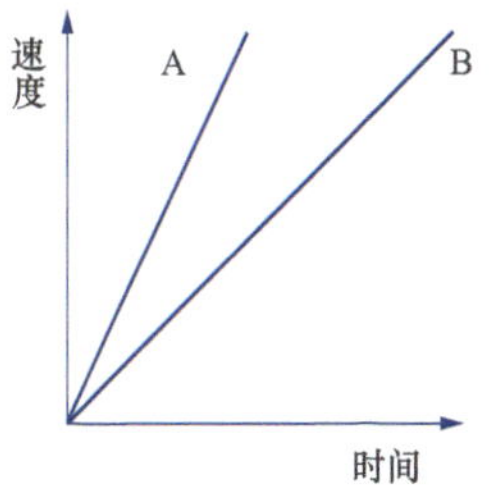

图 2－20　加速度示意图

3）气压计。气压计是测量大气压强的设备，一般也集合在 IMU 当中，是保障飞行器飞行稳定的高度传感器。

（6）GPS & 指南针模块。包含 GPS 模块和指南针 Compass 模块，用于精确确定飞行器的方向及经纬度。对于失控保护自动返航，精准定位悬停等功能的实现至关重要，如图 2－21 所示。

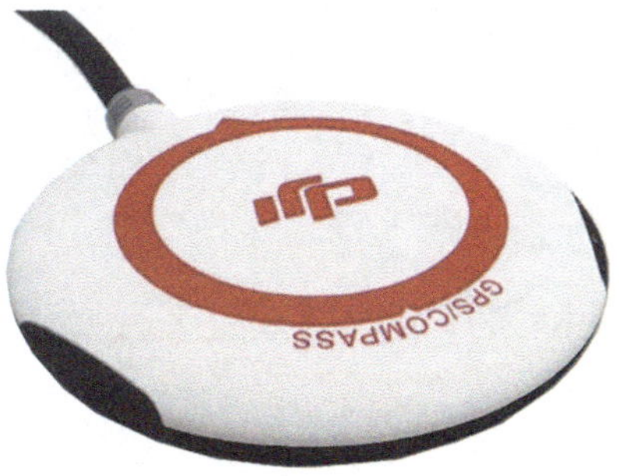

图 2－21　大疆创新的 GPS 模块

1）全球定位系统 GPS。利用 GPS 定位卫星，在全球范围内实时进行定位、导航的系统，称为全球卫星定位系统，简称 GPS。GPS 是由美国国防部研制建立的一种具有全方位、全天候、全时段、高精度的卫星导航系统，能为全球用户提供低成本、高精度的三维位置、速度和精确定时等导航信息，是卫星通信技术在导航领域的应用典范，它极大地提高了地球社会的信息化水平，有力地推动了数字经济的发展。

a. GPS 的基本构成

GPS 的空间部分是由 24 颗卫星组成（21 颗工作卫星；3 颗备用卫星），它位于距地表 20200km 的上空，运行周期为 12h。卫星均匀分布在 6 个轨道面上（每个轨道面 4 颗），轨道倾角为 55°。卫星的分布使得在全球任何地方、任何时间都可观测到 4 颗以上的卫星，并能在卫星中预存导航信息，GPS 的卫星因为大气摩擦等问题，随着时间的推移，导航精度会逐渐降低，如图 2－22 所示。

GPS 地地面控制系统由监测站（Monitor Station）、主控制站（Master Monitor Station）、地面天线（Ground Antenna）所组成，主控制站位于美国科罗拉多州春田市（Colorado. Springfield）。地面控制站负责收集由卫星传回之讯息，并计算卫星星历、相对距离，大气校正等数据。

用户设备部分即 GPS 信号接收机。其主要功能是能够捕获到按一定卫星截止角所选择的待测卫星，并跟踪这些卫星的运行。当接收机捕获到跟踪的卫星信号后，就可测量出接收天线至卫星的伪距离和距离的变化率，解调出卫星轨道参数等数据。根据这些数据，接收机中的微处理计算机就可按定位解算方法进行定位计算，计算出用户所在地理位置的经纬度、高度、速度、时间等信息。接收机硬件和机内软件以及 GPS 数据的后处理软件包构成完整的 GPS 用户设备，如图 2－22 所示。

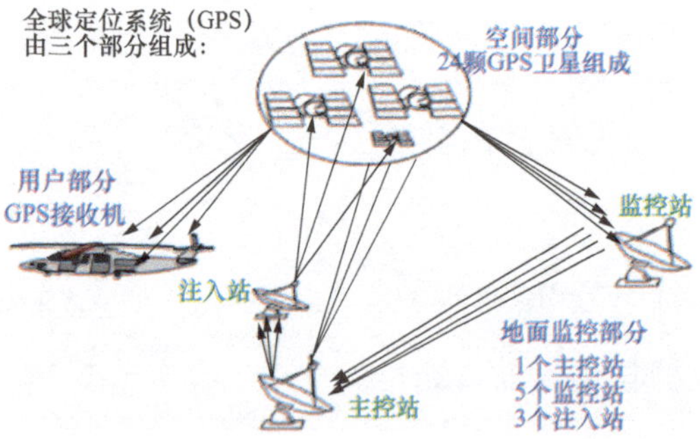

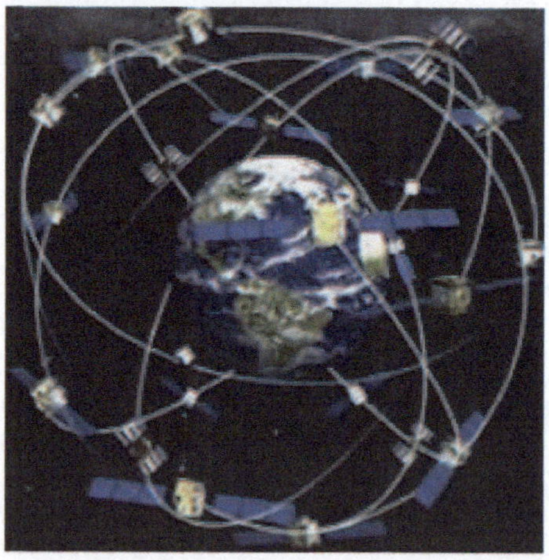

图 2－22　GPS 系统构成与 GPS 系统的示意

b. GPS 系统的作用

实际上，多旋翼无人飞行器在没有 GPS 的前提下，是无法实现自动飞行的，其自动航线飞行是必须建立在飞行器清楚自身的地理位置的前提下，根据地理坐标来进行飞行，并且没有 GPS 的多旋翼飞行器是无法实现精准定位悬停的，整个飞控系统无法消除累计误差带来的飞行器漂移，飞行器将会在水平方向上不断漂移。

a）提供经纬度，使飞行器能够获得地理位置信息，从而能够实现定位悬停以及规划航线飞行。

b）提供飞行器的高度、速度、时间等信息，对飞行器提供信息支持，提高飞行器的飞行稳定性。

c. GPS 信号影响的因素

a）GPS 信号，是由全球定位系统（GPS）卫星上振荡器所产生的信号，而所有 GPS 信号都由一个基本频率 $f_0=10.23$MHz 组成。GPS 卫星发射的信号主要分为载波（Carrier wave）、测距码（Ranging Code）和导航电文（Navigation Messages ）三部分，外来天然或人工来源干扰信号，都会影响 GPS 信号。

b）天气因素（太阳黑子、恶劣天气可能会降低信号强度，但一般不会影响到定位）。

c）电气电磁干扰（少数用户有发生过）、无线电、强磁场均会产生不同程度干扰。

d）在城市中，由于高楼为垂直海拔高，较少存在反射面，会导致 GPS 信号降低，信号微弱会造成设备漂移。

e）GPS 信号在空旷地接收效果最佳，高楼及密集的高层建筑物会对 GPS 信号构成影响。

f）GPS 信号不会受到浓厚云层、大雾、下雨和下雪的影响，GPS 信号的波长足以让它穿越空气中的各种障碍物，换句话说，恶劣的天气不会对 GPS 信号产生足以影响其正常工作的影响。

g）在峡谷中，周围有高山阻挡，因此直接捕获的可能仅仅是头顶上的一到两颗星，如图 2-23 所示。

图 2-23　靠近的两个大楼之间 GPS 信号受影响

2）指南针 Compass（电子磁罗盘）。整个地球是拥有磁场的，类似常见的磁铁所形成的完整磁场。地球磁场近似于把一个磁铁棒放到地球中心，N 极大体上对着地理南极，S 极大体对着地理北极。磁极与地理极不完全重合，存在磁偏角。当然，地球中心是高温状态并没有磁铁棒，而是通过外核的电子随地球自转的电流效应（近似于电生磁）产生磁场的。地球磁场属于电磁场，随地球公转而不随地球自转，如图 2-24 所示。

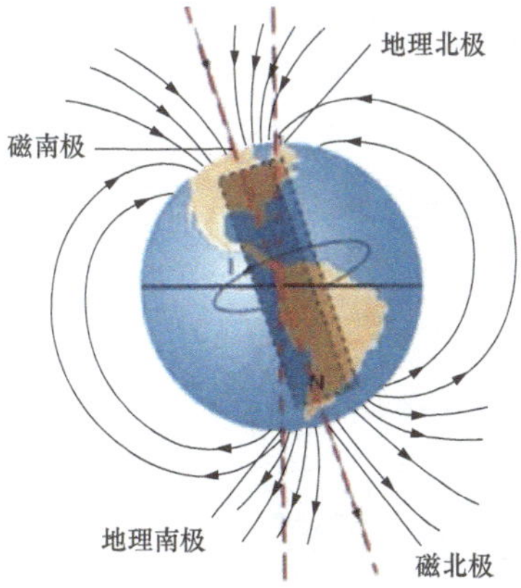

图 2-24　整个地球就是一个完整磁场

试想一下，一艘船在茫茫大海当中不知道方向所带来的可怕后果，指南针正是利用了地球磁场从而能够判断方向，人类也正是在拥有了指南针以后才能实现远航。磁罗盘也被称为指南针，是利用地磁场固有的指向性测量空间姿态角度的。它可以测量载体三维姿态数据：水平航向、俯仰、横滚。可以广泛地用于需要获取平台（或载体）姿态角度的场合，比如航海、石油钻井、水下平台作业、飞机姿态测量、机器人控制等领域。数字磁罗盘具有体积小、航向精度高、倾斜范围宽、频响高、低功耗的优点，很适合用于既对航向精度有较高要求同时又对功耗、体积有限制的场合。

在民航客机当中也会安装有磁罗盘，正是有了磁罗盘提供的角度数据，飞行器在空中依然可以随时了解自身所处的方位，这为飞行员的操纵提供了数据支持。以图 2-25 为例，当飞行器机头与 S 极重合时，此时机头的方向为正南方；当飞行器机头与 W 极重合时，可知飞行机头朝着正东方。

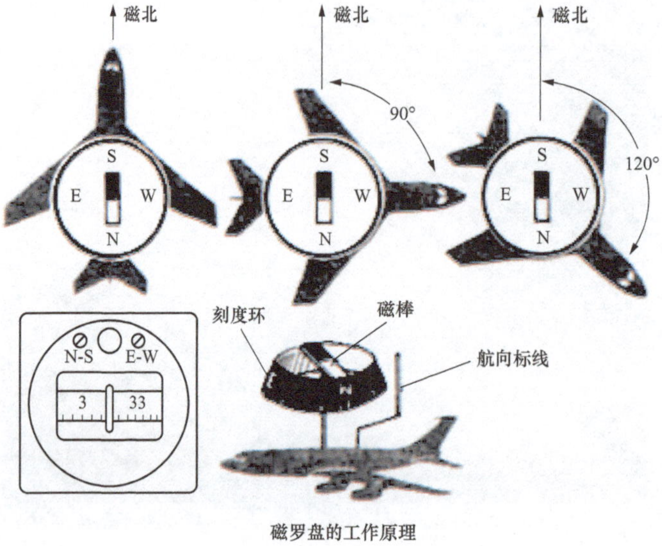

图 2-25　飞行器运用磁罗盘

磁罗盘在多旋翼飞行器当中的作用也是一样的，负责为飞行器提供方位，也是属于飞行器的传感器。磁罗盘是飞行器正常飞行前提，所以一定要关注指南针的状态，并根据操作要求及时对磁罗盘进行校正。地磁信号的特点是使用范围大，但是强度较低，甚至不到 1G（电机里面的钕铁硼磁铁可达几千高斯），所以其非常容易受到其他磁体的干扰。

铁磁性的物质都会对磁罗盘产生干扰，例如大块金属、高压电线、信号发射站、磁矿、停车场、桥洞、带有地下钢筋的建筑等。如图 2-26 所示这样的大型钢结构厂房，其电磁信号比较复杂，在这样的位置飞行时需谨慎留意磁罗盘的运行状态。

图 2-26　电磁信号复杂的钢结构厂房

另外，不同地区的电磁信号都会有细微差别，在南极北极地区，磁罗盘甚至无法正常使用，所以当使用多旋翼飞行器从一个地点进入到一个较远的地区时，应首先对磁罗盘进行校准，使其能够良好工作。手机与钥匙也都拥有一定的电磁信号，所以在进行磁罗盘校准时，应将手机、钥匙等铁磁性物质取出在进行操作。

（7）飞控系统的辅助性设备。

1）LED 指示灯模块。用于实时显示飞行状态，是飞行过程中必不可少的，它能帮助飞手实时了解飞行状态，如图 2－27 所示。

图 2－27 大疆创新 A2 飞控的 LED 模块

例如在大疆经纬 m600 的 LED 显示方法中，红灯快闪表示电量报警，红黄交替灯快闪表示磁罗盘异常，紫色蓝色交替频闪代表 D－RTK 设备接入且定位，通过 LED 颜色和闪烁频率的变化可以显示非常丰富的信息。

LED 目前的表示方法当中，主要通过显示颜色、显示的快慢频率、显示的次数等对各种状态进行表达，如图 2－28 所示。

飞行器状态指示灯说明		
正常状态		
(红)(绿)(黄)……	红绿黄连续闪烁	系统自检
(黄)(绿)……	黄绿灯交替闪烁	预热
(绿)……	绿灯慢闪	可安全飞行（P 模式，使用 GPS 定位）
(绿) X2……	绿灯双闪	可安全飞行（P 模式，使用视觉定位系统定位）
(黄)……	黄灯慢闪	可半安全飞行（A 模式，无 GPS 无视觉定位）
警告与异常		
(黄)……	黄灯快闪	遥控器信号中断
(红)……	红灯慢闪	低电量报警
(红)……	红灯快闪	严重低电量报警
(红)……	红灯间隔闪烁	放置不平或传感器误差过大
(红)——	红灯常亮	严重错误
(红)(黄)……	红黄灯交替闪烁	指南针数据错误，需校准

图 2－28 大疆精灵 4 LED 飞行状态指示图例

2）PMU 电源管理模块。电源管理模块其主要功能是为整个飞控系统与接收机供电，同时还提供了一个测量动力电池电压的接口，以及两个 Can－Bus 扩展，用于电压检测和报警机制，如图 2－29 所示。

图 2－29　大疆创新 A2 飞控的 PMU 模块

3）iOSD。类似民航客机的黑匣子，可以记录飞行数据，以方便对数据进行分析。

iOSD 专门为 DJI WKM、ACE ONE 等自驾系统而设计，可用于航模领域的 FPV 飞行，可实时传输视频与 iOSD 信息，将飞行器动力电压、飞行速度、相对高度、与返航点距离、水平姿态以及飞行器接收 GPS 卫星数等内容叠加到视频信息上，从而使操纵者实时了解飞行器的工作数据。

它可以记录飞行器在飞行过程的加速度、角速度、磁罗盘数据、飞行器的部分操作记录、高度。它能帮助飞行器在出现故障时能够及时地对飞行数据进行分析，发现故障原因。

DJI iOSD 需要与 DJI 自驾系统配合使用。iOSD 控制器支持两路视频输入（PAL 或 NTSC 视频制式），可以通过遥控器远程切换视频输入源；支持对 DJI 指定的无线视频发射模块进行远程通道切换；支持在线升级；内置 BEC，一方面为摄像头供电，另一方面为主控器供电，以增强自驾系统主控器供电可靠性，如图 2－30 所示。

（8）组合导航控制。组合导航是指用 GPS、磁罗盘、气压计等系统中的一个或几个与 IMU 惯性测量单元在一起，形成的综合导航系统。大多数组合导航系统以惯性导航系统为主，其原因主要是由于惯性导航能够提供比较多的导航参数，还能够提供全姿态信息参数，这是其他导航系统所不能比拟的。但是，只是惯性测量单元，它会存在累计误差的问题，例如一部多旋翼飞行器在关闭 GPS 的情况下也能够正常飞行，但是它会一直进行漂移。这是因为它无法把自己确定在地球某一个确定的点，在没有这个明确的目标的前提下，飞行器只能是在保障自身平衡的情况下不断进行漂移。而如果是惯性测量单元加上 GPS 全球定位系统，飞行器能够明确自己所处的位置，一旦飞行器偏离这个位置，主控会发出指令要求其

图 2－30　飞控的 IOSD 记忆模块

回到当前的地理位置。

关于高度的控制也是同样的道理，惯性测量单元可以测量加速度，却无法测量飞行器所处的具体高度；GPS可以测量飞行器的高度但存在一定的误差，在这样的情况下，在IMU惯性单元之外在加入气压计，直接对气压进行测量。这样系统关于高度的数值就拥有了两个来源，但总体应是以气压计提供的数值为准。

同样的还有关于方位的测量，惯性测量单元的陀螺仪可以测量角度以及角速度，但是其角度测量会随着通电时间的增加而不断产生漂移，而磁罗盘能够根据地球磁场进行飞行器角度的确定，从而能够对惯性测量单元的角度进行矫正，因为磁罗盘是对地球磁场直接进行测量，而地球磁场是相对固定的，如图2-31所示。

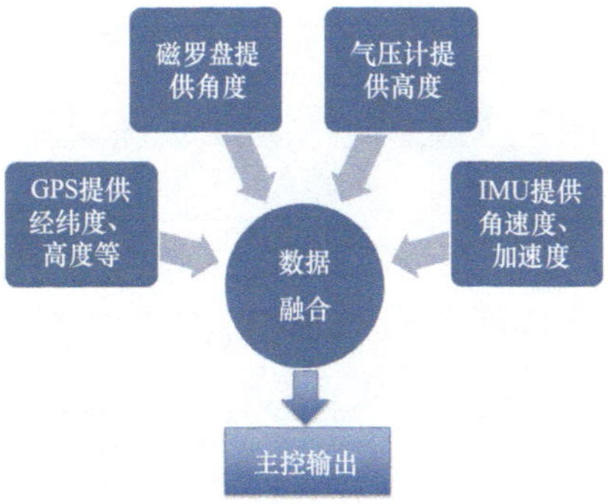

图2-31　飞控系统的数据融合

二、动力系统

多旋翼飞行器的动力系统由电池、充电器、电子调速器、电机、螺旋桨等构成。螺旋桨是最终产生升力的部分，由无刷电机进行驱动，而整个飞行器最终是因为螺旋桨的旋转而获得升力并进行飞行。在多旋翼飞行器中，螺旋桨与电机进行直接固定，螺旋桨的转速等同于电机的转速。无刷电机必须在无刷电子调速器（其实就是控制器）的控制下进行工作，它是能量转换的设备，将电能转换为机械能并最终获得升力。电子调速器由电池进行供电，将直流电转换为无刷电机需要的三相交流电，并且对电机进行调速控制，调速的信号来源于主控或者接收机。电池是整个系统的电力储备部分，负责为整个系统进行供电，而充电器则是地面设备，负责为电池进行供电，如图2-32所示。

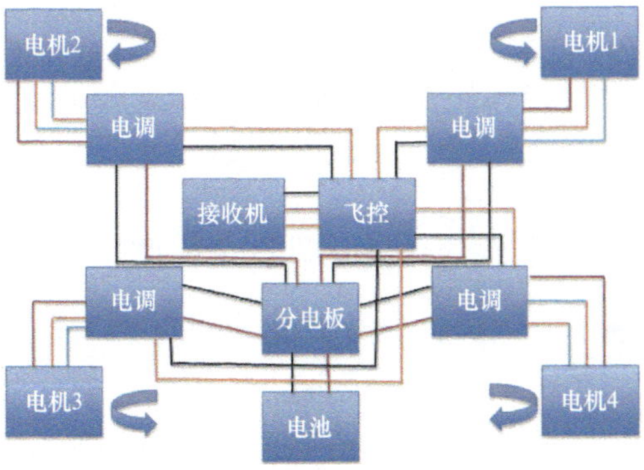

图2-32　电机电调电池连接示意图

1. 无刷电机

无刷直流电机简称为无刷电机（Brushless DC motor，BLDC），多旋翼无人机常用的是三相无刷外转子电机。无刷电机是随着半导体电子技术发展而出现的新型机电一体化电机，它是现代电子技术、控制理论和电机技术相结合的产物。

和普通的有刷直流电机利用电枢绕组旋转换向不同，无刷电机是利用电子换向并磁钢旋转的电机。普通的直流电机是利用碳刷进行换向的，碳刷换向存在很大的缺点，主要包括：①机械换向产生的火花引起换向器和电刷摩擦、电磁干扰、噪声大、寿命短。②结构复杂、可靠性差、故障多，需要经常维护。③由于换向器存在，限制了转子惯量的进一步下降，影响了动态性能，如图 2-33 所示。

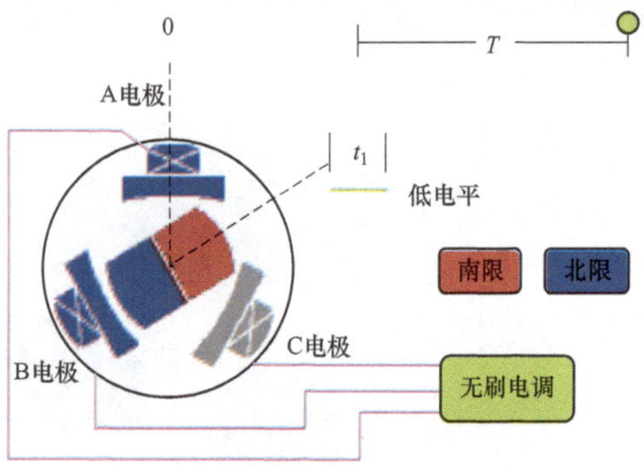

图 2-33　三相无刷电机运转原理示意

而无刷直流电机的命名就说明了电机的特性，在电机性能上和直流电机性能相近，同时电机没有碳刷。无刷电机是通过电子换向达到电机连续运转目的的。

多旋翼选用的三相外转子无刷电机特点如下：

1）效率高，效率可达 80%～92%；

2）寿命长，因为没有了电刷，其寿命大大提高；

3）功率密度大，大部分型号电机其拉力基本可达到机身重量的 10～20 倍；

4）可靠性高，基本无须维护。

（1）无刷电机的构成。无刷电机总体由转子与定子共同构成，转子是指电机中旋转的部分，包括转轴、磁铁；定子主要由硅钢片、漆包线、轴承等构成，如图 2-34 所示。

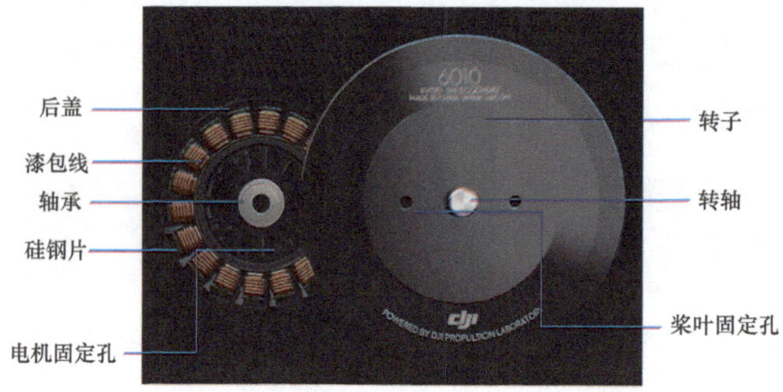

图 2-34　无刷电机的构成

1）钕铁硼磁铁。钕铁硼磁铁又称磁钢，和平时常见的铁氧体磁铁所不同的是其因优异的磁性能而被称为“磁王”。钕铁硼中含有大量的稀土元素钕以及铁及硼，其特性硬而脆。由于表面极易被氧化腐蚀，钕铁硼必须进行表面涂层处理。钕铁硼的优点是性价比高，具有良好的机械特性；不足之处在于工作温度低，温度特性差，且易于粉化腐蚀，必须通过调整其化学成分和采取表面处理方法使之得以改进，才能达到实际应用的要求，如图 2-35 和图 2-36 所示。

钕铁硼磁铁不耐高温，所以无刷电机不能长期工作在高温的环境当中，否则将有可能导致钕铁硼磁铁退磁，一旦电机退磁，电机性能将大大下降。多旋翼无刷电机使用的磁铁耐温普遍低于 150℃，在使用中应避免电机温度长期高于 100℃。

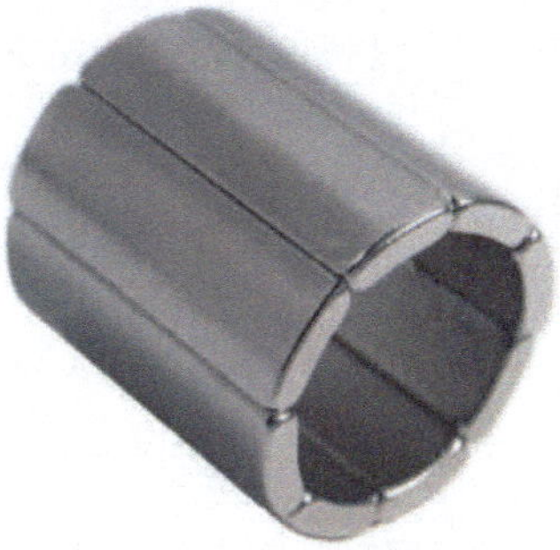

图 2-35　钕铁硼磁铁

图 2-36　磁铁的安装方式

2）漆包线。漆包线是绝大部分电机、发电机的基本组成部分，由导体和绝缘层两部组成，裸线经退火软化后，再经过多次涂漆，烘焙而成。漆包线有多种绝缘层，常用的有 QZY 与 QZA 系列，其中 QZA 系列是免脱漆直接焊接型。

要注意的是，漆包线也有耐温参数，如 QZY 系列耐温 180℃，而 QZA 系列耐温 155℃。在持续超过其耐温后，漆包线绝缘层有可能烧毁，造成电机失效，如图 2-37 所示。

3）定子硅钢片。硅钢片是一种含碳极低的硅铁软磁合金，一般含硅量为 0.5%～4.5%。加入硅可提高铁的电阻率和最大磁导率，降低矫顽力、铁芯损耗（铁损）和磁时效。无刷电机的定子是由多层硅钢片相叠而成，目前的硅钢片单片厚度主要是 0.2mm 以及 0.35mm，而在多旋翼飞行器方面主要运用 0.2mm 硅钢片，如 2212 电机其定子厚度为 12mm，是由 60 片 0.2mm 硅钢片相叠而成。硅钢片的两端是绝缘漆层，用于隔绝漆包线与硅钢片，如图 2-38 所示。

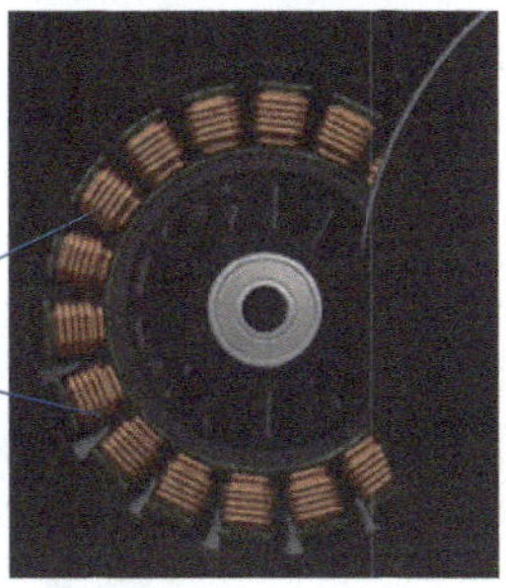

图 2-37　定子上的漆包线

图 2-38　无刷电机的定子

4）轴承。轴承的主要功能是支撑机械旋转体，降低其运动过程中的摩擦系数，并保证其回转精度。主要可分为滚动轴承和滑动轴承两大类，多旋翼飞行器无刷电机几乎全部使用滚珠轴承。无刷电机由于其卓越的性能，在没有外力破损的前提下，轴承的寿命几乎等同于电机的寿命，所以对于轴承的维护应特别注意：

a. 注意防锈

轴承的材质为轴承钢，在一定的条件下会氧化、生锈，所以应避免电机进水。如电机不慎进水，应尽快擦干轴承并涂上防锈油。

b. 注意异响

如轴承内部渗入杂质，如沙子、小颗硬物等，将造成轴承旋转时发出异响。另外，轴承内壁磨损、内圈损坏也都有可能造成异响。所以，当发现无刷电机运转时杂音较大应进行排查，进行替换，如图 2－39 所示。

图 2－39　滚珠轴承

（2）无刷电机的分类。

1）按照结构进行分类。按照结构进行划分，无刷电机可分为内转子无刷与外转子无刷电机，内转子电机和常见的电机结构较为类似，转子在电机机身内部进行旋转；外转子无刷电机，上部外壳和转轴连接在一起，上部机身进行旋转，如图 2－40 和图 2－41 所示。

电机的扭矩与定子的直径的平方成正比，也就是在一定的前提下定子直径每提升一倍，其扭矩提升四倍。所以，同样直径以及高度的无刷电机，外转子无刷电机在扭矩方面拥有先天优势。无论是固定翼飞行器还是多旋翼飞行器其主要的驱动方式都是电机直接驱动螺旋桨，所以最终都选择了高扭矩的外转子无刷电机作为飞行器的动力。本章主要介绍多旋翼飞行器，所以下文如无介绍，默认为外转子无刷电机。

另外，多旋翼飞行器为追求力效，往往都会尽量使用更大尺寸的螺旋桨，这就对电机的扭矩提出了更高的要求，所以市场上的多旋翼无刷电机往往选择了直径更大、高度偏低的无刷电机。

图 2－40　内转子无刷电机

图 2－41　外转子无刷电机

2）按照控制方式分类。可分为有感电机与无感电机，有感电机是指电机内部有安装霍尔感应器，霍尔感应器可以对电机的相位角进行准确的测量，适合精确控制的无刷电机。如生活常见的两轮电动车，其大部分控制方式就属于有感控制。无感电机是指其内部没有安装霍尔感应器，靠控制器对其反电动势进行检测，获得其转子的位置。无感电机控制精度不如有感电机，但是其控制简单，故障率更低，所以多旋翼飞行器全部使用无感电机。

（3）无刷电机的主要参数。

1）工作电压。无刷电机额定的工作电压，常用 S 的概念来指代电压，如 4S 代表 3.7×4=14.8V。当整机系统电压高于额定工作电压时，电机会处于超负荷状态，将有可能导致电机过热乃至烧毁；当整机系统电压低于额定工作电压时，电机会处于低负荷状态，电机功率较低，将有可能无法保障整个飞行器系统的正常工作，如图 2-42 所示。

图 2-42　大疆一款电机

2）kV 值。kV 的概念是在工作电压每提升 1V 无刷电机所增加的转速。以往的直流电机在介绍其性能时，会举例其在 12V 时该电机是多少转。无刷电机引入了 kV 的概念，能够了解到该电机在不同的电压下所产生的空载转速（即没有负载）。kV 与转速的公式为：

$$\text{kV 值} \times \text{电压} = \text{空载转速} \tag{2-1}$$

例如，MG-1 的电机其 kV 值为 130kV，其工作最大电压为 50.4V，可知其最大空载转速为：

$$130\text{kV} \times 50.4\text{V} = 6552\text{RPM}$$

其中 RPM 的含义为转/min。

但是要注意的是，实际上空载速度都会低于实际的负载转速，并且负载越大其实际转速会更低。

电机的 kV 值的设定，取决于系统的工作电压，最终取决于电机的负载转速。例如同样一套飞行器，使用 22.2V 电压其电机 kV 为 500kV，可知其空载转速为 500×22.2=11000RPM；如果该飞行器使用 11.1V 电压，其电机 kV 值应为 11000/11.1=1000kV。

3）最大功率。电机能够安全工作的最大功率。电机的功率反应了其对外的输出能力，功率越大的电机其输出能力也更强。关于功率的计算公式：

$$\text{电压} \times \text{电流} = \text{功率} \tag{2-2}$$

例如某 2212 电机，工作电压为 11.1V，其最大工作电流为 20A，可知其最大功率为：

$$11.1\text{V} \times 20\text{A} = 222\text{W}$$

无刷电机不可超过最大功率使用，如果长期处在超过最大功率的情况下，电机将会发热高温乃至烧毁。

4）电机尺寸。

多旋翼无人机采用的无刷电机多采用其内部定子的直径和高度尺寸来定义电机的尺寸，例如大疆创新农业植保机 MG－1 的电机采用的是 6010 电机，表示的是其电机定子直径为 60mm，高度为 10mm，如图 2－43 所示。

图 2－43　大疆 6010 电机

前面已经提过，多旋翼电机普遍采用直径大高度较低的无刷电机，而内转子无刷电机其机身高度往往大于直径，例如常见的 3650 电机，其电机直径为 36mm，高度为 50mm。需要注意的是，内转子无刷电机大多以电机的外形来定义电机的型号。

无刷电机的扭矩（可以理解为电机的力量）与电机的直径的平方成正比，所以多旋翼电机普遍采用直径大高度较低的无刷电机。

5）最大拉力。该电机在最大功率下所能产生的最大拉力直接反映了电机的功率水平。多旋翼飞行器要求其所有电机总推力必须大于机身自重一定比例，才能保障飞行器的飞行性能和飞行安全。

例如，大疆创新农业植保机 MG－1 单电机的最大推力为 5.1kG，又已知其为八轴设计，所以其总推力为：

$$5.1\times 8=40.8\text{kG}$$

由以上可知 MG－1 的推重比（飞行器最大推力除以机身重量）为：

40.8÷22.5（MG－1 标准起飞重量）＝1.81（精确到小数点后两位）

所以，MG－1 的推重比为 1.81。

6）动平衡。动平衡是指电机在旋转时，整体所表现出的平衡性。当无刷电机转子其质量不均衡时，电机的转动将伴随不同程度的振动。动平衡较差会降低无刷电机的使用寿命，并且会对飞行器的飞行性能造成较大影响。

所以，出厂的外转子无刷电机都会进行动平衡校准，并添加平衡泥完善电机的动平衡性能，如图 2-44 所示。

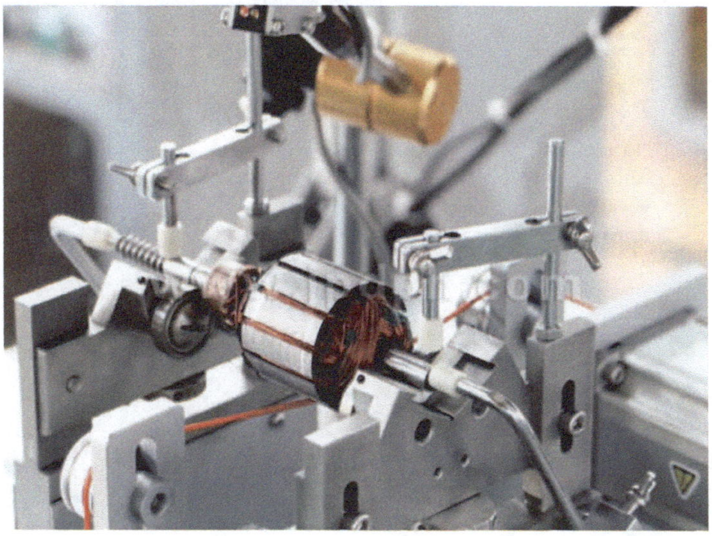

图 2-44　一款电机正在添加蓝色平衡泥

7）常见问题及解决。

a. 转向错误（如图 2-45 所示）

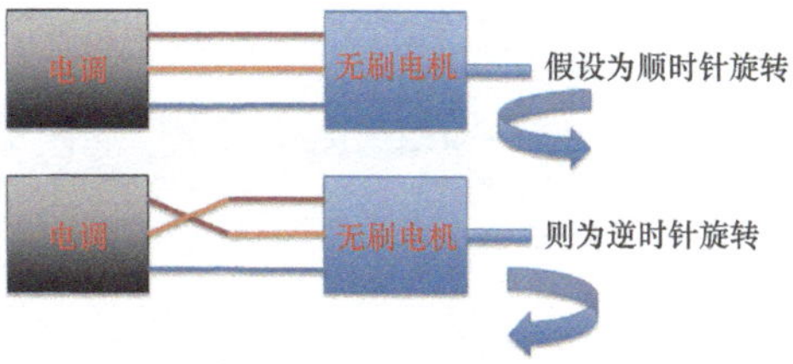

图 2-45　转向错误

表现：电机旋转的方向与需要的不一致。

解决：调换无刷电机的任意两根线即可。

b. 缺相导致无法正常运转（如图 2-46 所示）

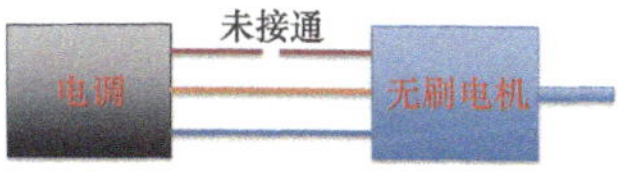

图 2-46　缺相导致无法正常运转

表现：电机无法连续旋转。

解决：无刷电机三根线其中有一到两根线出现了断裂或接触不良，检查具体情况。

c. 轴承损坏（如图 2-47 所示）

表现：电机旋转阻力较大，或电机运转噪声较大。

解决：更换轴承。

图 2-47　大疆 620S 动力套装

d. 无刷电机的使用和维护

(a) 避免无刷电机长期工作在高温环境。电机长期处于100℃以上的高温环境，将对无刷电机的各个系统造成损伤。

ⅰ. 钕铁硼磁铁不耐高温，在接近其耐温极限时，将持续性的发生退磁，温度越高其退磁的速度也越快。退磁后电机磁性下降，扭矩下降，电机性能受到不可逆的损伤。

ⅱ. 轴承不可长期工作在高温环境，高温将使轴承内部润滑油发生挥发，并且滚珠因为高温发生形变，从而加速磨损。

(b) 避免电机进水，保持内部干燥。进水将有可能导致轴承生锈，加速轴承磨损，降低无刷电机寿命。另外，包括硅钢片、转轴、电机外壳也都有生锈的可能。

(c) 定时检查电机轴承磨损情况。电机轴承的检查方法是去掉螺旋桨驱动电机，正常的转动没有杂音，声音浑厚。如果声音带杂音，并且有类似有沙子在内部的杂音，则轴承有损伤需要更换。

(d) 定时检查电机的动平衡情况。电机动平衡的检查方法是去掉螺旋桨驱动电机，正常的电机转动有较轻微的振动，如果电机动平衡失效，则电机振动较大，有麻手的感觉。

2. 无刷电调

电调全称电子调速器（electronic speed controller，ESC）。在整个飞行系统中，电调的作用主要包括：

(1) 调节电机转速；

(2) 控制电机运转；

(3) 提供 BEC 供电（部分没有这个功能）。电调是动力系统的重要组成部分，无刷电机必须通过无刷的驱动才能运转，如图 2-47 所示。

(1) 无刷电调的构成。无刷电调在结构上由输入部分电源线、电调主体、输出部分电源线、信号输入线、连接件等构成，如图 2-48 所示。

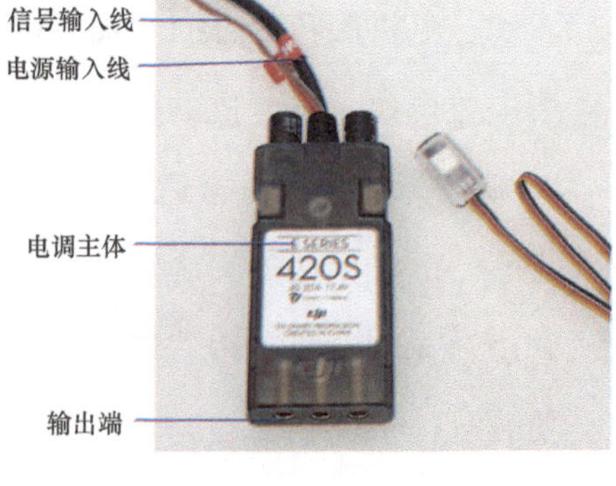

图 2-48　无刷电调的基本构成

1) 输入部分。电调的输入端由电源线与插头共同构成，插头是连接飞行器与电池的连接件，而输入线则是可以通过较大电流的硅胶线。硅胶高温线具有优良的耐高温及耐低温、耐高压、耐酸碱性能，其内部是由多根0.08mm细铜丝组成，具有良好的过大电流能力，如图2-49所示。

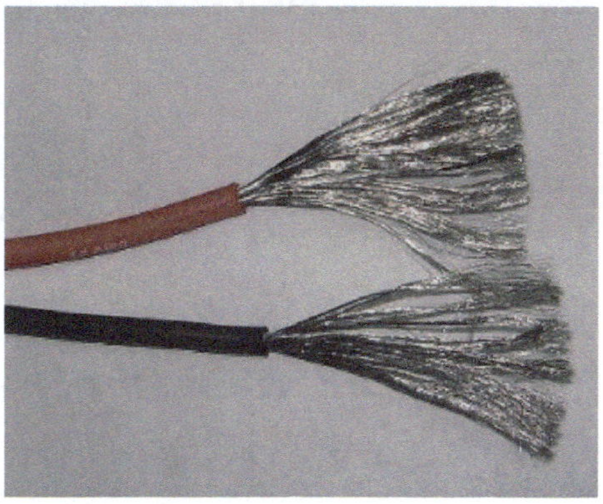

图2-49　大电流硅胶线

硅胶线主要的型号包括22、20、18、16、14、12、10AWG，数字越小代表其内部导线根数越多，能够允许通过的电流也越大。

插头是飞行器与电池进行连接的配件，目前主要使用的是XT系列连接插头，如XT30、XT60、XT90系列，连接插头一般都分公头与母头，在电池一侧主要使用母头，在电调或者是机身一侧主要使用公头。XT30最大持续电流为15A，XT60最大持续电流为45A，XT90最大持续电流为60A，如图2-50所示。

图2-50　XT插头系列三种主要的连接插头

图2-51　XT插头公头母头及正负极的区分

关于插头的使用，应注意以下方面（如图2-51所示）：

a. 电池端不可焊接公插头，因为公插头两个金属之间有可能接触到并造成短路。

b. 插头两个焊脚正负不可焊接错误。

c. 不可超过插头规定的电流使用，例如XT60的最大持续电流为45A，就应控制在45A以内进行使用。

d. 插头插入时必须完全插入，否则将有可能导致插头发热失效而出现故障。

e. 若插头因为打火而使内部被腐蚀，应及时进行更换，否则将会因为插头接触电阻增大，而使插头发热增加以致失效。

2）输出部分。电调的输出端由硅胶线与连接插头共同组成，硅胶线如上节不再累述，需要明确的是，输出端硅胶线的规格一般低于输入端。主要的成品多旋翼，为了简化结构提高安全性，往往会直接将电机与电调进行焊接，而忽略连接件。部分电调也会直接输出连接件而忽略连接线，如图 2-52 所示。

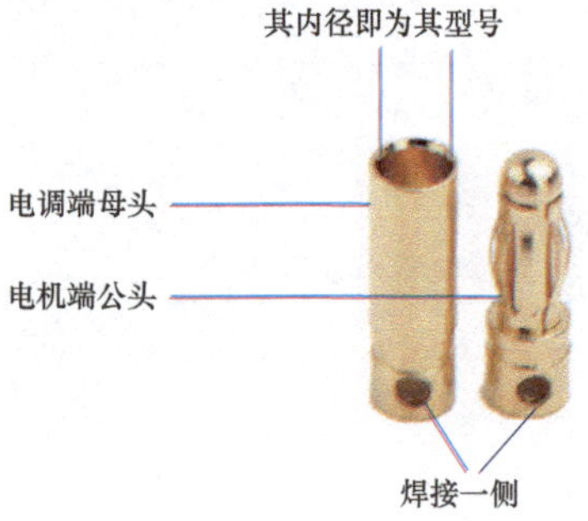

图 2-52　一款 4.0mm 香蕉头

电调输出常用的连接头是金插，也被称之为香蕉头，这是一种常用的大电流连接件，包括上节提到的 XT 系列插头也是由香蕉头注塑而成。常用的香蕉头包括 3.5mm 香蕉头、4.0mm 香蕉头、6mm 香蕉头，其型号为公头前端外径，母头的内径，型号越大代表其能通过电流的能力越强。

3）信号输入部分。信号输入部分由信号线、插头组成，部分电调还有磁环。信号输入线由三根导线构成了两个回路，一个回路是向外供电（红＋黑），另外一个回路是获取控制信号（白＋黑），所以在部分没有 BEC 的电调是只有白和黑两根线的。连接头是固定在飞控或者接收机上门的连接件，需要注意的是不要插反。

吸收磁环，又称铁氧体磁环，简称磁环。它是电子电路中常用的抗干扰元件，对于高频噪声有很好的抑制作用，一般使用铁氧体材料（Mn－Zn）制成。在磁环作用下，使正常有用的信号很好地通过，又能很好的抑制高频干扰信号的通过，如图 2-53 所示。

（2）无刷电调的分类。

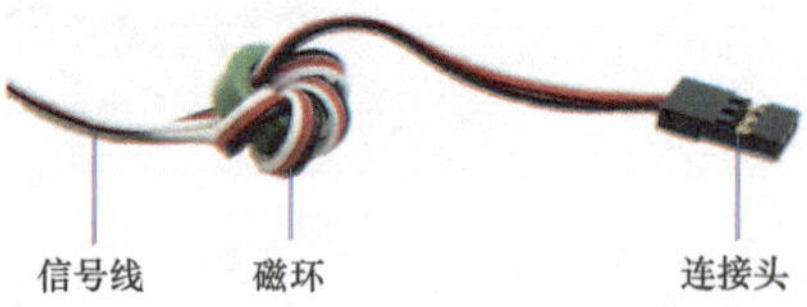

图 2-53　电调的信号输入线

1）按照使用类型。可分为有倒车无刷电调和无倒车无刷电调，有倒车无刷电调能够让电机在不换线的情况下反转，适用于需要使用倒车功能的应用，例如车模型之类的产品。无倒车电调是指没有倒车功能的无刷电调，航模类以及多旋翼类飞行器都不需要倒车功能，都使用的是无倒车无刷电调。本章主要讲解多旋翼飞行器，所以下文如无介绍，默认为讲解无倒车电调。

有倒车电调一般都会设计有开关，而无倒车电调一般不会有开关，这也是它们的明显差别，如图 2-54 所示。

2）按有无 BEC 电路。可分为有 BEC 电调和无 BEC 电调，BEC 是指免电池电路，实际上是一种降压模块，由动力电池供电，向飞控或者遥控接收机输出 5～7V 电压。传统航模类产品基本上只使用一个电调，所以都是使用有 BEC 电调。而多旋翼飞行器需要使用多个电调，如果每个电调都向飞控系统供电有可能造成混乱，都会有专门的电源管理模块来进行供电，所以成熟的多旋翼飞行器基本使用无 BEC 电路的无刷电调。两种无刷电调的区别也很明显，有 BEC 电调的信号线一般是三根线，而无 BEC 电调的信号线一般是两根线。

图 2－54　有倒车电调

如图 2－55 所示，该款电调为无 BEC 电调，其信号线只有黑白两根线；而图 2－56 所示的电调其信号线为红、白、黑三根线。

图 2－55　无 BEC 电调

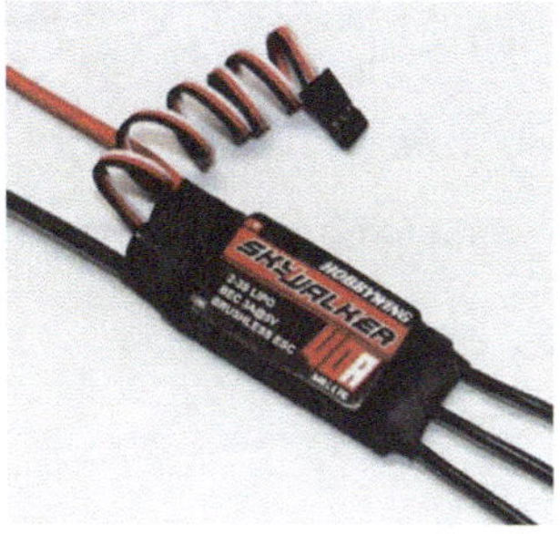

图 2－56　有 BEC 电调

（3）无刷电调的主要参数。

1）使用电压。即该电调所能使用的电压区间。例如某 40A 电调使用电压为 2～6S，也就是说使用电压区间为 7.4～22.2V。S 是锂电池一种电压表示方法，下节会详细描述。需要注意的是，电调的使用电压必须在指定范围内，否则将不能正常工作，如图 2－57 所示。

2）持续工作电流。持续电流是该电调可以持续工作的电流，超过该电流可能导致电调过热烧毁。以图 2－57 给出的参数为例，该款电调持续工作电流为 20A，那该电调就必须工作在 20A 以内。电调还拥有另外一个参数最大瞬间电流，电调可以在短时间内承受高于额定电流一定范围的电流。

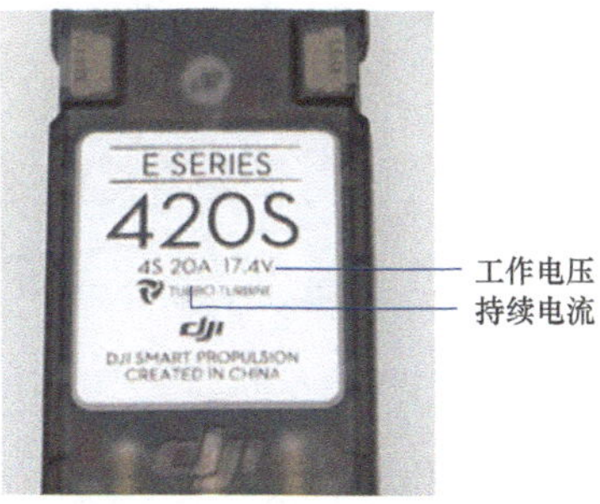

图 2－57　一款电调的使用参数

案例：MG－1 电调为 12S，25A

12S：即该电调的工作电压为 12S，LIPO，为 12×3.7=44.4V

25A：即该电调的持续工作电流为 25A。

3）信号频率。电调信号的刷新频率，决定了电调的相应速度。电调信号刷新频率一般在 30～499Hz，多旋翼无人飞行器宜选用高刷新频率的电调，更高的信号刷新频率可以使飞行器相应速度更快。

4）PWM 驱动频率。无刷电调对电机进行控制，都是以 PWM 占空比方式来进行调速，而 PWM 频率就是 PWM 信号的频率。

目前的 PWM 频率主要集中在 8～16kHz。

5）BEC 输出。BEC 是免电池供电系统，也可以理解为降压模块。在油动发动机飞行器系统里面，接收机以及舵机需要由一组 4.8～6V 电池单独供电。在电调有了 BEC 系统之后，就可以将动力电池的电压降压为 5～6V 供接收机及舵机系统使用。

要注意的是，在多旋翼飞行系统里，因为涉及多个电调，所以大多不再由电调 BEC 向飞控系统供电，统一由电源管理模块或者单独 BEC 向飞控系统供电。

（4）无刷电调的使用与维护。

1）避免电调持续过热（温度 70℃以上），有可能烧毁电调或导致故障。

2）必须保持良好散热，避免工作在密闭环境中。

3）保持电调干燥，避免进水。

3. 螺旋桨

螺旋桨将电机的旋转功率转变为飞行器的动力，是整个动力系统的最终执行部件。螺旋桨性能优劣对于飞行器的飞行效率产生十分重要的影响，直接影响了飞行器的续航时间。对于螺旋桨，一般也会简称为桨叶，如图 2-58 所示。

图 2-58　大疆一款 21 寸螺旋桨

螺旋桨在整个飞行系统中，将电机的旋转功率转变为飞行器的动力，是整个动力系统的最终执行部件。对于螺旋桨，一般也会简称为桨叶。

（1）主要参数。螺旋桨的主要参数包括长度、螺距，一款螺旋桨的命名也是根据这两个因素进行命名的，例如 MG-1 所用的 21×7 螺旋桨，即表示其长度为 21 英寸，螺距为 7 英寸。另外，螺旋桨的动平衡是否良好也是其性能重要指标之一，如图 2-59 所示。

1）长度。目前常用长度单位为英寸，1 英寸为 2.54cm。因为飞行器最先是由西方发展而来，所以在长度单位还遗留了之前的习惯。在同样的转速下，螺旋桨的长度越大其负载也越大，对电机的功率要求也越大。

2）螺距。螺距为螺旋桨在理想状态下旋转一周所前进的距离，单位也是英寸。桨叶的角度越大，其螺距也就越大。一片螺旋桨尺寸标注为 12×9，表示该桨叶直径为 12 英寸，螺距为 9 英寸。同时，这片桨叶也会标注 305×227，这里的单位是 mm，表达的意义是一样的。在同样的转速下，螺旋桨的螺距越大其负载也越大，长度越大其负载也越大，如图 2-60 所示。

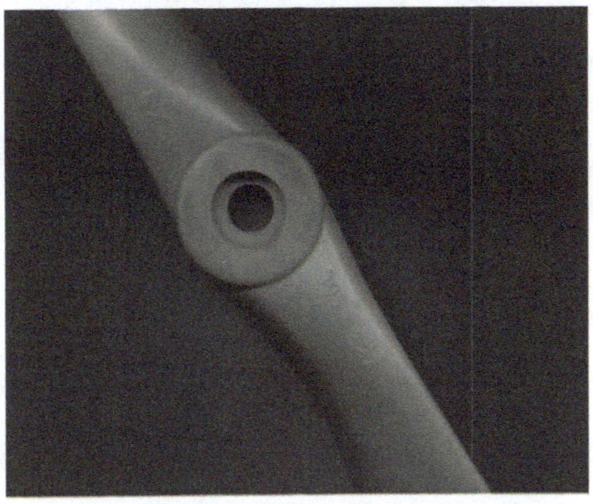

图 2-59　一款 apc 的螺旋桨

图 2-60　螺旋桨的螺距

3）动平衡。桨叶在旋转情况下的整体动态平衡，动平衡差的桨叶旋转后会造成较大的振动，影响机器稳定性，并有可能降低电机寿命。

（2）螺旋桨的分类。

1）按材质进行分类。按材质进行划分可为碳桨、木桨、塑料桨，如图 2-61～图 2-63 所示。碳纤维螺旋桨强度高、重量轻、寿命较长，是螺旋桨最好的材料之一，但是其价格是最贵的。木质螺旋桨强度高、性能较好，价格也较高，主要应用于较大型飞行器。塑料螺旋桨性能一般，但是其价格便宜，所以在小型多旋翼飞行器得到了大量的应用。

图 2-61　塑料桨

图 2-62　碳桨

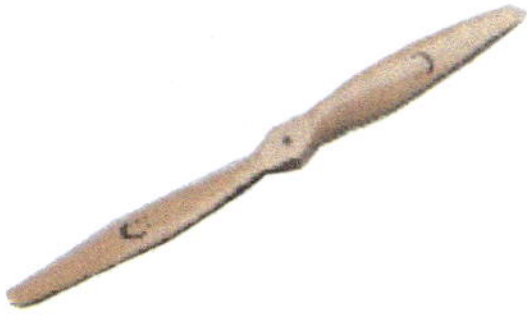

图 2-63　木桨

2）按照旋转方向进行分类。CW 桨叶是指从迎风面该螺旋桨为顺时针旋转，也可以称之为反桨；CCW 桨叶是指从迎风面该螺旋桨为逆时针旋转，也称之为正桨。CCW 桨叶与 CW 桨叶不可混用，一旦安装错误的桨叶，将有可能导致飞行器无法正常飞行。

将逆时针旋转的桨叶定义为正桨，是从一战时期的使用习惯开始的，普通的螺旋桨飞机从迎风面其桨叶都是逆时针旋转。

正桨与反桨的识别办法，关键是查看其迎风一侧的位置，如果是其迎风侧是向逆时针的方向则其为正桨。另外，大疆精灵系列飞行器的定义方法，其正桨使用银色螺帽，反桨使用黑色螺帽，很好区分，如图 2－64 所示。

3）按螺旋桨的结构进行分类。按螺旋桨的结构进行分类可分为折叠桨与非折叠桨，非折叠桨其结构为整体一体成型，而折叠桨其左右两侧的桨叶是分开并可以进行折叠。折叠桨的设计初衷主要是为了方便进行折叠方便飞行器的运输。

4）按螺旋桨的螺距进行分类。按照螺旋桨的螺距进行划分，可为大螺距螺旋桨与小螺距螺旋桨。螺距决定了飞行器的飞行速度，也影响电机功率。固定翼飞行器需要飞行器速度保证其飞行性能，所以选用的螺旋桨其螺距一般在长度的一半或一半以上，如 1060 桨，长度 10 寸而螺距为 6 寸，如图 2－65 所示。多旋翼飞行器是以悬停并相对较慢飞行速度为主的飞行器，其对螺距的要求不高，并且降低螺距还可以降低电机的负载水平，降低损耗提高续航时间。所以，多旋翼飞行多选用较低螺距的螺旋桨，如常见的 1038 螺旋桨、1045 螺旋桨，其螺距都在长度的一半以下。大疆农业植保机 MG－1 的桨叶为 21×7 螺旋桨，其螺距仅为长度的三分之一。

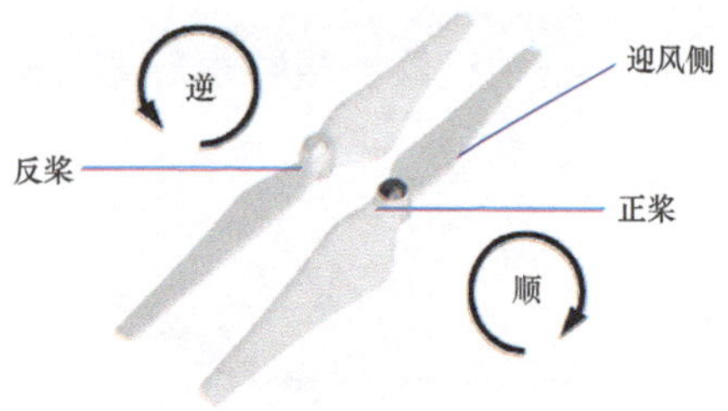

图 2－64　正反桨的区分

图 2－65　固定翼飞机的螺旋桨

（3）桨叶的使用与维护。

1）桨叶注意定期检查，对于有裂纹、破损的桨叶需要及时更换。

2）桨叶与电机的搭配必须合理，不能过载搭配。

3）折叠桨在使用之前应展开，不能再折叠状态下直接使用。

（4）螺旋桨电机电调之间的关系。无刷电调驱动无刷电机进行旋转，无刷电机带动螺旋桨进行旋转，它们之间是一级控制一级的关系，下面就几个部件的具体关系进行论述。

1）无刷电机与无刷电调。无刷电机由无刷电调进行驱动并且供电，所以它们之间最简单的关系是无刷电调能否满足电机的电力需求，无刷电机的功率是否超出无刷电调的承受范围。以具体案例来进行说明，一款电调的参数为 12.6V，20A，而另外一款电机的参数为 12.6 下最大功率为 300W，那这样两个设备组合在一起会发生什么情况呢？

电调的持续功率为 12.6V×20A=252W。这款电调在 252W 之内驱动 300W 电机时，电调尚能正常工作，可是如果电机运转功率继续上升到 300W，那电调将持续工作在自身的持续电流之上，最终的结果电调将会因为电流超过持续过热而烧毁，如图 2-66 所示。

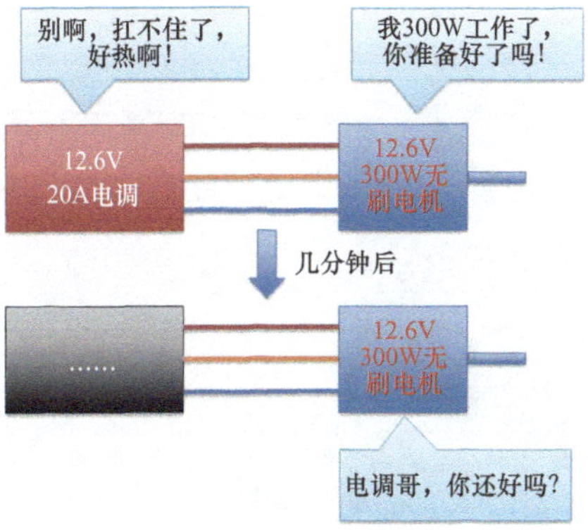

图 2-66　电调过载有可能导致烧毁

如果是电调的输出能力远比电机功率大会出现什么情况呢？是以具体的案例来进行分析。无刷电调参数为 12.6V，600W，无刷电机的功率为 300W，在这样的情况下，无刷电机达到最大功率，无刷电调依然可以正常工作，如果外界其他因素使电机的输出功率最终达到了 400W 会导致什么样的情况出现呢？电调因为远未达到过流保护阈值，所以依然会正常工作，最终导致电机过热烧毁。电调普遍具有过流保护功能，能够超出安全值时及时减小或关闭输出，保护电调安全，如图 2-67 所示。

在电机不会超载的前提下，大电调配小电机，会造成配置的浪费，提高整体成本。

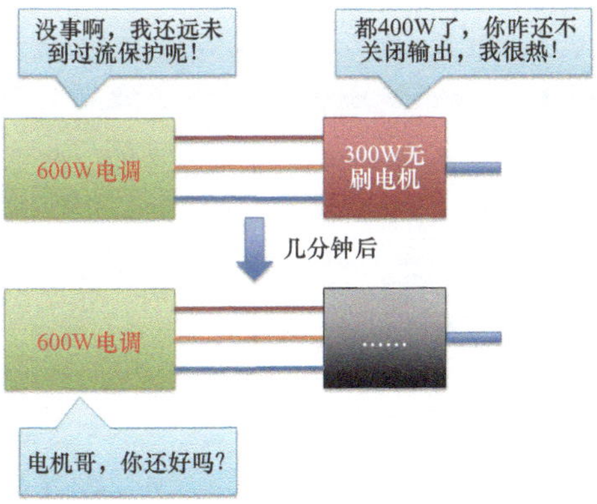

图 2-67　电调输出能力远大于电机可能会出现的情况

无刷电调与无刷电机的搭配应是无刷电调相对于无刷有一定比例的冗余量，例如电机的电流为 14A，可以搭配选择 20A 的电调。这样既不会造成电调的过载，也不会造成配置的浪费。

2）无刷电机与螺旋桨。无刷电机带动螺旋桨进行旋转，所以螺旋桨属于无刷电机的负载，无刷电机搭配螺旋桨应能充分发挥无刷电机的功率，而不会造成轻载或过载。另外，螺旋桨的负载与其长度、螺距、转速都成比例关系，所以讨论螺旋桨的负载应综合以上因素。

例如，一款电机能够在 12V 前提下最大负载 1060 桨，一旦将电压提高到 15V，综合之前关于电机的知识，其空载转速将提升 25%，该电机将过载。

例如，一款电机能够在 12V 前提下最大负载 1045 桨，一旦将螺旋桨更改为 1060 桨，其螺距提高，负载将更大，该电机将过载。

例如，一款电机能够在 12V 前提下最大负载 1045 桨，一旦将螺旋桨更改为 1145 桨，其直径增加，负载将更大，该电机将过载。

以上，讨论了过载的情况，下面进行轻载方面的分析。

例如，一款电机最佳负载条件是在24V电压搭配20寸桨，现在将电压降为20V，飞行器可能还能正常飞行，但是其悬停电流会增大。如果继续降低电压到12V，该飞行器因为螺旋桨转速过低也许就根本无法飞行。

例如一款多旋翼飞行器原先搭配1060桨，现将其更改为1045桨，该飞行器的最大飞行速度下降，但是因为电机负载下降，该飞行器的续航时间将部分增加。

4. 电池

电池是将化学能转化成电能的装置。在整个飞行系统中，电池作为能源储备，为整个动力系统和其他电子设备提供电力来源。锂聚合物电池（LI—polymer，LIPO），是一种能量密度高、放电电流大的新型电池。同时，锂电池使用起来相对脆弱，对过充过放都极其敏感，在使用中应该熟练了解其使用性能。锂聚合物电池充电和放电过程，就是锂离子的嵌入和脱嵌过程，充电时锂离子由负极脱离嵌入正极，而在放电时，锂离子脱离正极嵌入负极。一旦锂聚合物电池放电导致电压过低或者充电电压过高，正负极的结构将会发生坍塌，导致锂聚合物电池受到不可逆的损伤，如图2-68所示。

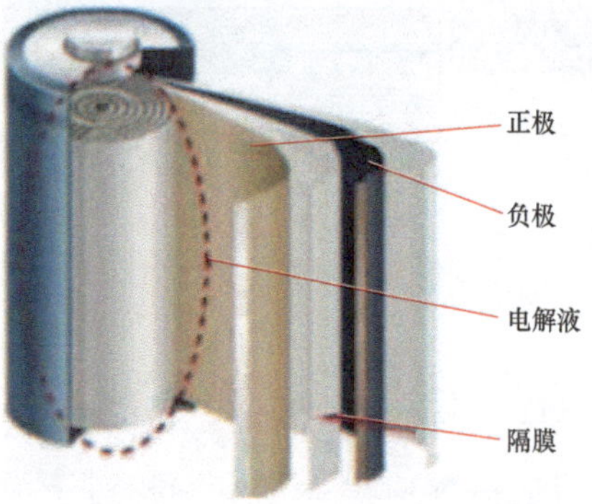

图2-68　锂电池的内部结构

目前在多旋翼飞行器上，一般采用普通锂电池或者智能锂电池等，如图2-69和图2-70所示。

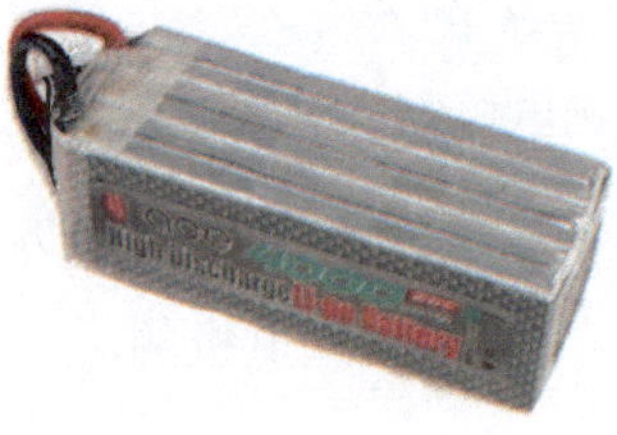

图2-69　普通锂电池

图2-70　智能锂电池

（1）主要参数。

1）放电截止电压2.75V。电芯安全放电的最低电压，低于此电压继续放电将会对电池性能产生损伤。

2）充电截止电压4.20V。电芯安全充电的最高电压，高于此电压继续充电将会对电池性能产生损伤。

3）标准电压3.7V。电芯的标准标称电压，也是我们在计算电压时所使用的参数。

4）储存电压 3.85V。适合于长期储存的电压。

5）S 数（如图 2－71 所示）。

在称呼电池的电压时，通常称之为多少 S，S 是电池串联的数量，例如 12S 的锂电池，是指其串联了 12 块电芯，锂电池单片电池标准电压为 3.7V，使用其电压为 3.7×12＝44.4V。

S 是指电池的串联数量。

6）P 数（如图 2－72 所示）。

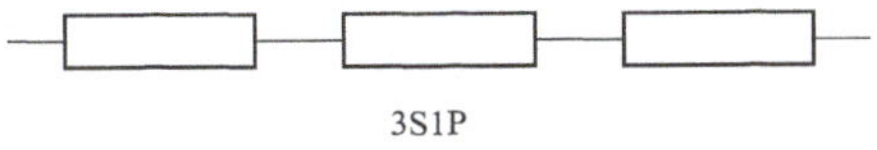

图 2－71　锂电池的串联

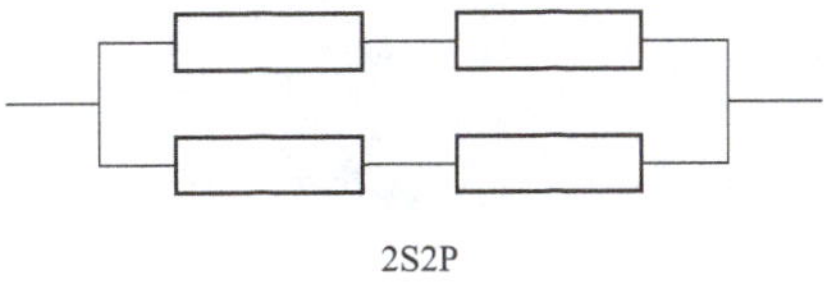

图 2－72　锂电池的并联

P 是指该电池并联的数量，比如 3S1P，指的是电池没有并联；而 3S2P 实际上该电池是由 6 块电池并串联而构成的。

7）内阻。欧姆内阻主要是指由电极材料、电解液、隔膜电阻及各部分零件的接触电阻组成，与电池的尺寸、结构、装配有关。电池的内阻很小，一般用 mΩ 的单位来定义。内阻越小的电池放电能力越强，内阻越大的电池放电能力越弱。

8）C 数（如图 2－73 所示）。

由图 2－73 放电 C 数曲线图可以得出以下几个结论：

a. 放电倍率越大，电池放电电压下降的越快，放电倍率越小，反之；

b. 放电倍率越大，放出的电量越少；

c. 电压在低于 3.0V 之后，电池电量迅速耗尽。

锂电池的放电倍率用 C 来表示，其数字大小决定了电池的最大放电电流：

容量×放电倍率＝最大放电电流　　（2－3）

以 MG－1 所用电池为例，其容量为 12000MAH，放电倍率为 20C，其最大放电电流为：

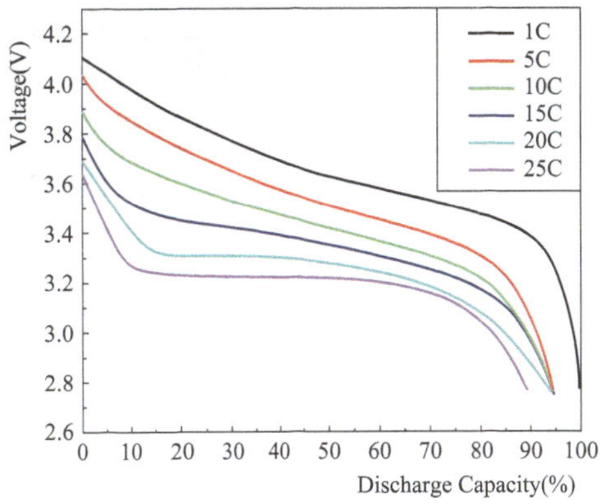

图 2－73　一款锂电池的放电曲线图

12000MAH×20C＝240A

电池的 C 数和内阻相关联，一块电池的放电倍率将随着使用次数的增加而内阻逐渐增加，放电倍率逐渐减小。

9）容量（如图 2-74 所示）。

案例：12S 12000MAH 20C LOPO

电压：12S×3.7=44.4V

容量：12000MAH，因为 1000MA=1A，所以这块电池也可以理解为 12AH。

图 2-74　MG-1 电池的容量

10）电量。

上述容量的表示方法只注重了电流参数，没有增加电压参数，电量的表示方法则将两者进行了综合，以图 2-74 22.2V 12000MAH 来计算其电量，计算方式为：

电压×电流=功率，WH　　　　(2-4)

图 2-74 电池的电量为：

22.2V×12000MA=266.4WH

这里了解到为什么图 2-74 电池标注的电量为 266WH，这个 WH 的概念同生活中的“多少度电”的概念是一致，所以 266.4WH 其实可以理解为 0.27 度电。

(2) 使用与维护。请注意，锂聚合物电池性能总体相对“娇嫩”，必须严格按照正确的方法进行使用和维护，否则容易产生鼓包膨胀，导致电池不可逆的损伤，如图 2-75 所示。

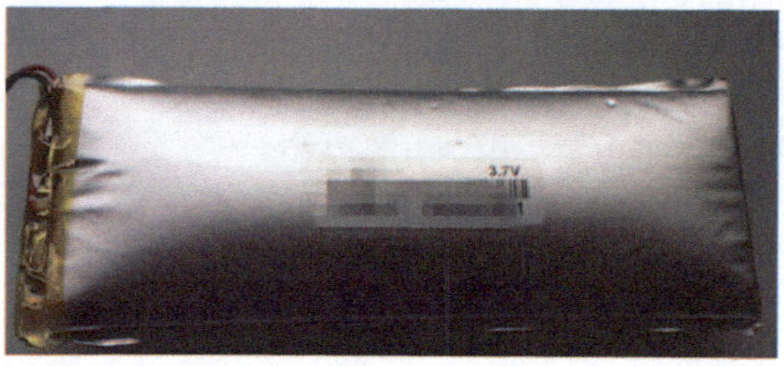

图 2-75　一块发生鼓包的锂聚合物电池

1）避免过充与过放，过充与过放都将大大降低锂电池使用寿命。放电不能低于 2.75V，而充电不可高于 4.20V。

2）避免长时间满电（单片电芯 4.2V）存放，在充满电的情况下，应在一周内使用，或者将其放电至 3.7～3.8V。

3）长时间存放时，存放温度建议在 0～25℃，建议将电池电压保持在 3.85V，并每隔一个月对电池进行一次完整的充放以保持电池的活性。

4）避免超出电池负载能力进行放电，否则电池将严重发热。

5）避免电池发生跌落，如果发生跌落，有可能造成电池内部短路而引起电池自然，如图 2-76所示。

图 2-76　电池自燃

6）锂电池在大电流使用完毕后，会有一定的发热，应将电池冷却 20～30min 再进行充电，否则将影响电池寿命。

7）锂电池长期使用大 C 数充电，相较于长期使用低 C 数充电的锂电池，寿命会更低。

5. 充电器

充电器是为动力锂电池进行平衡充电的设备，区别于一般电池例如镍氢以及镍镉普遍为仅串充的充电方式，锂电池充电器都需对电池进行平衡充电，锂电池的平衡头就是专门进行平衡充电的接口。这是因为锂电池对过放的敏感性，一旦在使用中各片锂电池电芯电压不平衡，就会形成低电压电芯可能过放的风险，如图 2-77 所示。农业植保机如图 2-78 所示。

图 2-77　专门用于平衡充电的平衡头

图 2-78　农业植保机 MG-1 的充电器

（1）主要参数。

1）输入电压。完整的锂电池平衡充电器其内部应至少含有两部分，一部分为交流转直流并降压电路，一路为平衡充电电路。对于完整的平衡充电器，其输入电压往往是市电交流 220V，或者是交流 110V。

2）充电输出功率。充电输出功率的计算方式应为：

$$输出电压\times输出电流=输出功率 \tag{2-5}$$

例如，MG-1 充电器单路输出功率为（如图 2-78 所示）：

$$50.4V \times 24A = 1209.6W$$

3）充电输出电流。充电时，由充电器输出到充电电池的电流，动力锂聚合物电池常用的充电倍率为1C，例如一款电池容量为2200MAH，其1C充电电流为：

$$2200MAH \times 1C = 2200MA$$

其1C充电电流为2.2A。

4）放电电流。锂电池平衡充电器普遍拥有放电功能，放电电流是指充电器进行放电的电流。例如MG－1充电器的放电电流为2.5A。

5）充电方式。目前锂电池充电方式主要为串充＋平衡充，少量为全程平衡充。串充是指忽视每片电芯的细微差别直接进行大电流充电，例如对一块3S电池进行充电，直接给以12.6V电压进行充电，这种充电方式可以快速地进行充电。而平衡充电是指对每一片电芯进行单独充电，直至其单片达到4.2V。

MG－1充电器的充电方式是首先用串充完成95％的充电，然后在用平衡充电的方式完成最后5％的充电。

6）充电效率。电流由交流转换到直流过程中会产生损耗，而直流在进行降压或者升压过程中也会产生损耗，充电效率的意义是：

$$\text{输出功率} \div \text{输入功率} = \text{充电效率} \tag{2-6}$$

（2）使用与维护。

1）在一定范围内，充电倍率越大，电池可充进的电量会稍降低。例如同样一块2000MAH电池，使用1C充电可充进1800MAH，那使用2C充电可能只能充进1750MAH。

2）在充电时，应保证充电电流不应大于充电器最大输出电流。也就是电池的充电功率不应大于充电器的最大输出功率。

3）充电器在工作时会产生一定热量，应保持充电器散热通道畅通。

4）在充电完毕后，应先结束充电再断开电池插头。

5）锂聚合物电池不应长时间大C数充电，在多次的大电流充电后应将电池进行一次低C数充电，以使电芯电压平衡。

三、 链路通信系统

链路通信系统主要用于多旋翼飞行器系统传输控制和载荷通信的无线电链路，是飞行器与地面操纵人员之间沟通的桥梁。通信链路的主要构成包括地面端与天空端。地面端需要将控制信号以及任务指令发到飞行器（天空端），飞行器则需将飞行器的状态以及任务设备的状态发送到地面端。

以往的航模飞行器当中，地面与空中的通信往往是单向的，也就是地面进行信号发射，而空中进行信号接收并完成相应的动作，地面的部分被称为发射机，空中的部分被称为接收机，所以这一类的飞行器其通信数据链只有一条。而多旋翼飞行器系统地面人员不仅要求能控制飞行器，还需要了解飞行器的飞行状态以及飞行器任务设备的状态，这就要求多旋翼飞行器具有数据传输链路，飞行器发送数据，地面端接收数据，这是常见的第二条数据链。

现在常见的航拍飞行器，需要把多旋翼飞行器所拍摄到的画面传输回地面，而地面则需要接收视频画面，这是常见的第三条图传数据链，如图 2－79 所示。

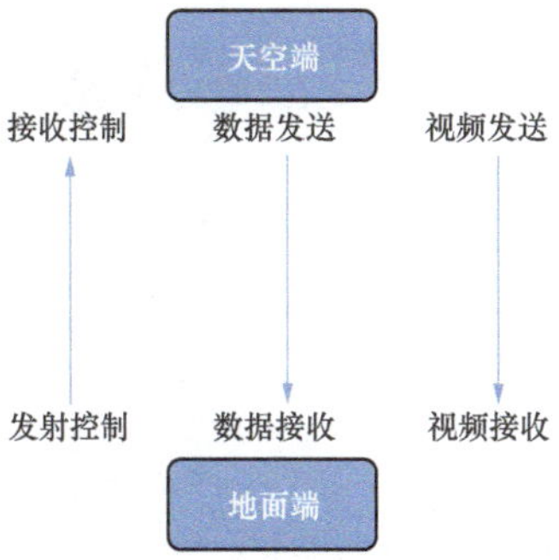

图 2－79　多旋翼飞行器常见的三条通信链路

1. 通信链路设备——遥控器与接收机

遥控器与接收机是共同构成遥控控制链路的基本组成，遥控器也被称为发射机，负责将操作人员的操作动作转换为控制信号并发射；接收机则负责将遥控信号接收，如图 2－80 所示。

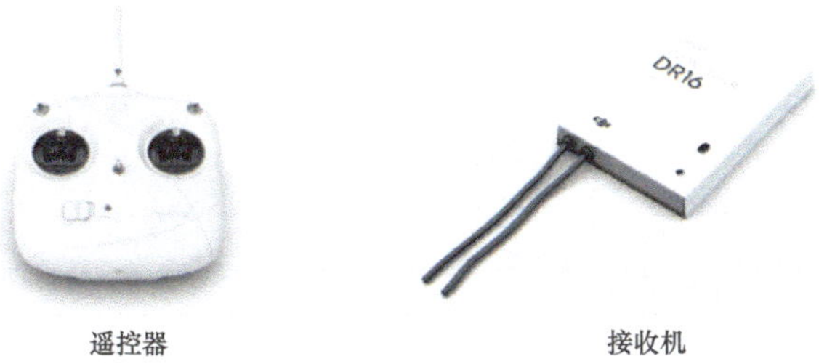

图 2－80　遥控设备的基本构成

需要明确的是，通道是遥控器的基本参数，通道可以理解为遥控器可控制传输多少个遥控动作。以常见美国手遥控器为例，（关于美国手的解释可参见第一章多旋翼飞行器的基本操作）一通道映射为横滚、二通道映射为俯仰、三通道映射为油门、四通道映射为偏航。每个通道都有对应动作，如图 2－81 所示。

另外，遥控器的信号发射是以天线为中心进行全向发射，在使用时一定要展开天线，保持正确的角度，以获得良好的控制距离和效果。切勿将天线方向垂直对向飞行器，此时的遥控信号接收较差，如图 2－82 所示。

同一个厂家的同系列产品，其遥控器与接收机是可以互相连通的，这个连通的过程就是“对频”。对频是指将发射机与接收机进行唯一性的挂钩，在对频之后该接收机只接收该发射机发射的遥控信号。具体的对频方法，各个厂家互有不同，关于 MG－1 的对频方法，会在后面的章节进行介绍。

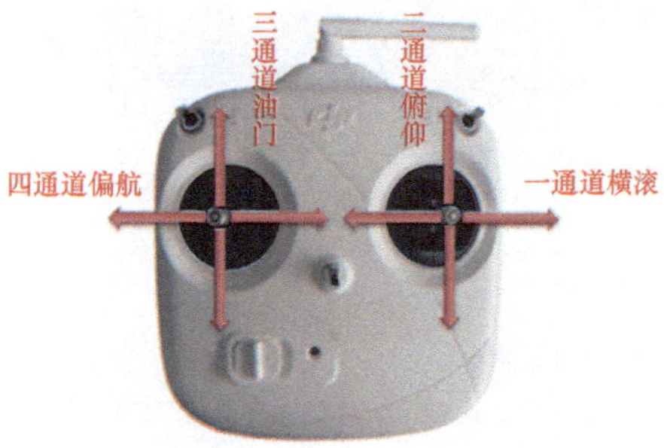

图 2-81　美国手控制方式通道映射

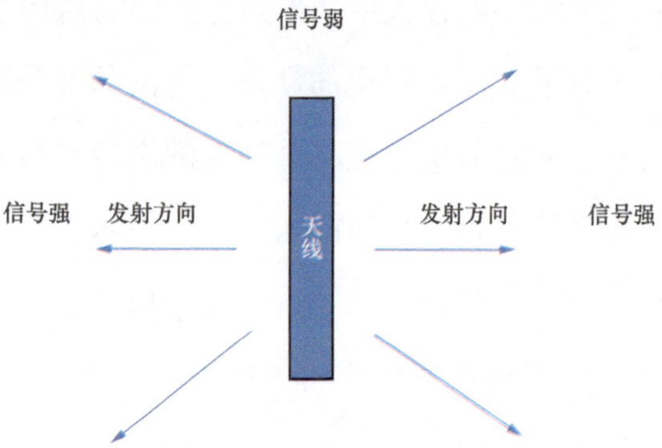

图 2-82　天线的信号发射方向

2. 通信链路设备——图像传输设备

图传设备是将飞行器所拍摄到的视频传送到地面的设备，大疆 Lightbridge 2 是一款广播级一体化航拍图传，配备 SDI 接口、集成遥控器，采用先进的无线链路动态适应技术，实现了远距离、低延时传输，如图 2-83 所示。

3. 地面站

专为高端的商用及工业用无人机进行超视距（BVR）全自动飞行作业而设计，如图 2-84 所示。

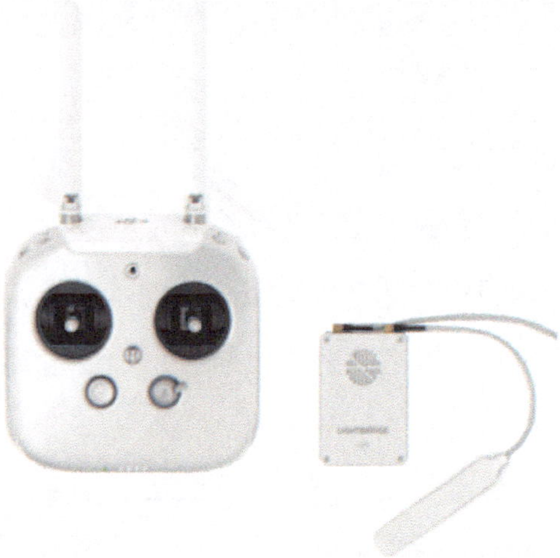

图 2-83　大疆 Lightbridge 2 设备

图 2-84　PC 地面站

4. 数传电台

DATALINK PRO 数传电台在 DATALINK 基础上全面改进，采用全新频段规避干扰，增加多种接口和工作模式，全面支持 A3 飞控、D - RTK GNSS 和地面站，如图 2 - 85 所示。

图 2 - 85　Datalink Pro 数传电台

四、 机身系统

多旋翼飞行器的机身，一般称之为机架，多旋翼所有的设备都是由机架来承载。因此，多旋翼机架的好坏，很大程度上决定多旋翼性能的优劣。

1. 机架的组成

（1）机臂。机臂是连接飞行器主体与电机座的连接部件，在一些 Y 型结构的多旋翼飞行器，还分为大臂和小臂。轴数越多的多旋翼飞行器，其机臂也相应地更多，如图 2 - 86 所示。

（2）电机座。电机座是固定电机的结构，每个机臂末端都会有相应的电机座，如图 2 - 87 所示。

图 2 - 86　大疆 MG - 1 的机臂

图 2 - 87　大疆 MG - 1 的电机座

图 2 - 88　大疆 S1000 的主机身

（3）主机身。主机身是所有机臂安装的初始位置，也是飞控设备等其他电子设备的安装位置，如图 2 - 88 所示。

（4）脚架。绝大部分的多旋翼都会有脚架，脚架主要作用在于支持机身重量，提高桨叶离地距离，方便多旋翼起降，并消耗和吸收多旋翼在着陆时的撞击能量，如图 2 - 89 所示。

图 2-89　大疆 MG-1 的脚架

2. 机架的参数

(1) 重量。机架的重量应当是在保证机身坚固性的前提下更轻为最佳，因为这可以降低机身负载，提升飞行器的续航时间。

(2) 轴距。轴距是指多旋翼对角线两个等级轴心中心的距离，一般单位为 mm，用于表达机架的大小。例如常见的大疆风火轮 F450，其轴距是 450mm，大疆农业植保机 MG-1，其轴距是 1520mm，如图 2-90 所示。

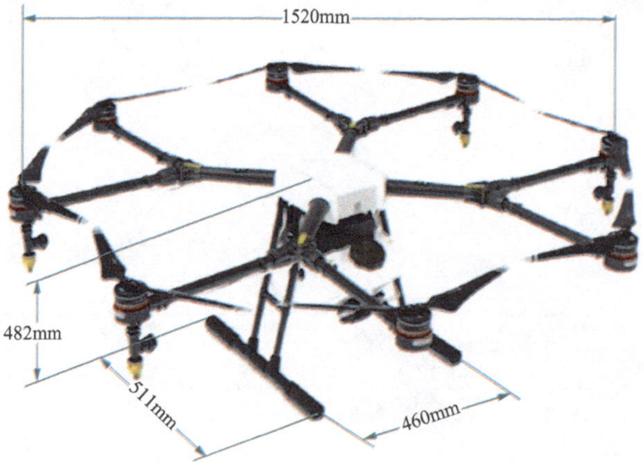

图 2-90　大疆 MG-1 的轴距为 1520mm

(3) 机身材料。多旋翼机身材料主要包括碳纤维、玻璃纤维、铝合金、塑料、轻木。碳纤维是多旋翼飞行器最佳也是使用最多的机身材料，其价格也是所有机身材料中最高的，如图 2-91 所示。玻璃纤维性能较一般，较少有多旋翼使用，如图 2-92 所示。塑料在初级入门多旋翼上有使用，例如 F450 就是塑料材质机架，如图 2-93 所示。铝合金在多旋翼上较少使用，目前出现了使用铝合金机架的多旋翼农业植保机。轻木其主要优势在于价格便宜，会有部分模型爱好者 DIY 使用轻木制作机架。

图 2-91　碳纤维

图 2-92　玻璃纤维

图 2-93　塑料机架

碳纤维是一种含碳量在 95% 以上的高强度、高模量纤维的新型纤维材料。它是由片状石墨微晶等有机纤维沿纤维轴向方向堆砌而成，经碳化及石墨化处理而得到的微晶石墨材料。碳纤维"外柔内刚"，质量比金属铝轻，但强度却高于钢铁，并且具有耐腐蚀、高模量的特性，在国防军工和民用方面都是重要材料。它不仅具有碳材料的固有本征特性，又兼备纺织纤维的柔软可加工性，是新一代增强纤维。

碳纤维具有许多优良性能，碳纤维的轴向强度和模量高，密度低、比性能高，无蠕变，非氧化环境下耐超高温，耐疲劳性好，比热及导电性介于非金属和金属之间，热膨胀系数小且具有各向异性，耐腐蚀性好，X 射线透过性好，具有良好的导电导热性能和电磁屏蔽性。

练习思考题

无人机是由哪几个部分构成的?

第四节 机 载 设 备

一、 机载设备应用分类

以表格的形式说明不同用途无人机的载荷装备以及应用情况。根据《舍菲尔德无人机手册2002》中无人机的用途和有效载荷统计表，总结无人机的用途和任务载荷应用情况，如表2－2所示。

表2－2　　无人机的用途和任务载荷应用情况统计表

分析项 \ 无人机类型		生产型（%）	微型（%）	战斗型（%）
无人机用途	侦查/监视/目标截获	85	100	50
	通信中继	23	0	0
	电子情报	11	0	0
	电子战	17	0	0
	环境/气象观测	4	0	0
	民用/科研	5	0	13
	其他	8	0	0
有效载荷	光学照相机	15	0	0
	红外行扫描器	8	0	0
	日光电视摄像机	79	100	0
	微光电视摄像机	8	10	13
	红外摄像机/前视红外	72	30	13
	激光测距/照射器	15	0	0
	雷达	8	0	0
	合成孔径雷达	16	0	25
	电子情报	13	0	0
	电子战	21	0	0
	其他	24	10	0
	不明	3	10	40

二、 云台

随着航拍无人机的兴起，附着在无人机身上的各种专业名词也开始引起人们的注意，其中最引人注目的词就是“云台”，这是安装在无人机上用来挂载相机的机械构件，看似一个默默无闻的部件，然而对于稳定航拍来说却起着非常大的作用，而且是一个很神奇的部件，如图2－94所示。

图 2-94　无人机的云台

（一）最初级的云台：相机支撑平台可支撑设备、调节角度

“云台”本来是用来安装和固定摄像机的支撑设备，一般单反三脚架上面都会配备有一个这样的云台，其主要作用是为了满足相机的多角度调节，比如水平、倾斜或俯仰等，因此这种云台一般能允许空间内的三轴旋转调节，如图 2-95 所示。

（二）可远程控制的云台：监控摄像头云台可远程控制拍摄方向、全方位扫描

可远程控制云台也叫电动云台，这种电动云台一般应用在监控摄像头上，其主要作用是满足摄像头的水平旋转和俯仰角度的调节，云台旋转轴上一般配有电机，能通过手动远程控制云台旋转或利用程序让云台自动旋转，从而达到全方位扫描监控的作用，如图 2-96 所示。

图 2-95　最初级的云台

图 2-96　电动云台

这种云台其实并没有什么技术难度，跟相机支撑平台一样已经是一种见惯不惯的东西，现在很多家用监控摄像头也配备有电动云台。配备了电动云台的摄像头宽容度更高，因为可以通过手

机远程控制摄像头旋转，满足不同方向的画面捕捉。

（三）最技术的云台：无人机镜头稳定云台，避免拍摄画面抖动

当“云台”应用到航拍无人机上，作用则与上述两种“云台”产品有很大的差异，其主要作用是为了防止拍摄画面抖动，如图 2－97 所示。

图 2－97　航拍无人机

起初的航拍飞行器直接将相机固定在飞行器上，这种方式存在的不足是当飞行器飞行状态改变甚至是发生轻微的抖动，相机的画面也会同步抖动，大大影响拍摄的质量。

随着陀螺仪技术的成熟，多旋翼飞行器开始发展起来，而无人机云台的工作原理便是利用了多旋翼飞行器利用陀螺仪平稳飞行的原理。

当无人机（多旋翼飞行器）向某一角度倾斜时会被陀螺仪感应到，之后会利用算法迅速加强倾斜角度方向的电机动力，从而使无人机恢复平衡，如图 2－98 所示。

云台的“稳定”道理一样，一般无人机云台都能满足相机的三个活动自由度：绕 X、Y、Z 轴旋转，每个轴心内都安装有电机，当无人机倾斜时，同样会配合陀螺仪给相应的云台电机加强反方向的动力，防止相机跟着无人机“倾斜”，从而避免相机抖动。

目前这种技术已经发展成熟，陀螺仪的灵敏度和电机的插补速度都很迅速，如果无人机不是抖动得非常严重，拍摄的画面会很平稳。

也有一些无人机不喜欢加装稳定云台，比如竞速无人机，这种无人机以第一视角操控作为乐趣，假如加装了稳定云台，飞手会感受不到无人机发生诸如倾斜、爬升等的飞行状态。

（四）最便携的云台：手持云台，无人机稳定云台的衍生品

便携式手持云台其实就是无人机云台的衍生品，这种设备有点像一个缩短版的自拍杆，杆的顶端安装有能满足三个自由度活动的“云台”，可以理解为就是将无人机的云台拆装到自拍杆上，主要目的同样是为了防止使用手机或运动相机录像时的抖动。

这种设备目前主要有两种形态。一种是以大疆手持云台相机——灵眸 OSMO 为代表，这款手持云台相机本身内置摄像头，通过安装手机在手柄上作为拍摄画面的显示。

(a)

(b)

图 2-98　多旋翼无人机

练习思考题

无人机的机载设备有哪些?

第五节　无人机飞行原理

一、 升力与阻力产生原理

通常作用在飞机上的空气动力有升力和阻力。而面对的问题就是如何增大升力、减小阻力。

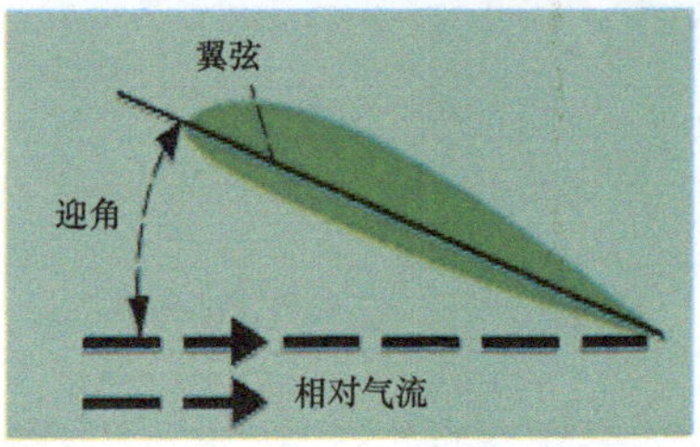

图 2-99　迎角

升力就是向上的力，在机翼得上下表面产生了压强差。飞机的升力来自于仰角，机翼弧形产生向下的压力和前进阻力，也就是动力学中的牛顿第三定律，俗称相互作用力，如图 2-99 所示。

1. 迎角

迎角是相对气流方向与翼弦之间的夹角。

2. 升力

升力产生的过程，如图 2-100 所示。

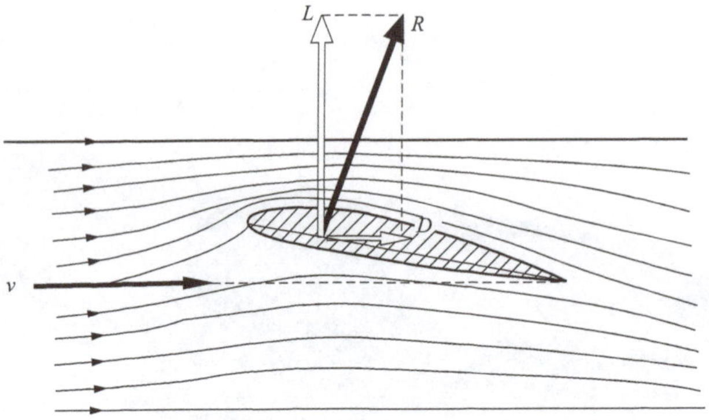

图 2-100　升力

气流→翼型→上表面流线变密→流管变细

下表面平坦→流线变化不大（与远前方流线相比）

连续性定理、伯努利定理→翼型的上表面→流管变细→流管截面积减小→气流速度增大→故压强减小

翼型的下表面→流管变化不大→压强基本不变

上下表面产生了压强差→总空气动力 R

R 的方向向后向上→分力：升力 L、阻力 D

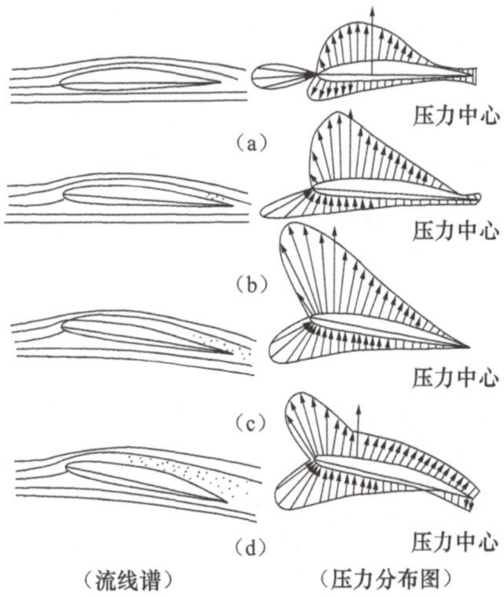

图 2-101　不同迎角对应的压力分布

(a) 零迎角；(b) 小迎角；(c) 大迎角；(d) 失速迎角

3. 失速

通常，机翼的升力与迎角成正比。迎角增加，升力随之增大。但是，当迎角增大到某一值时，则会出现相反的情况，即迎角增加升力反而急剧下降。这个迎角就称为临界迎角，如图 2-101 所示。

当机翼迎角超过临界点时，流经上翼面的气流会出现严重分离，形成大量涡流，升力大幅下降，阻力急剧增加。飞机减速并抖动，各操纵面传到杆、舵上的外力变轻，随后飞机下坠，机头下俯，这种现象称为失速，如图 2－102 所示。

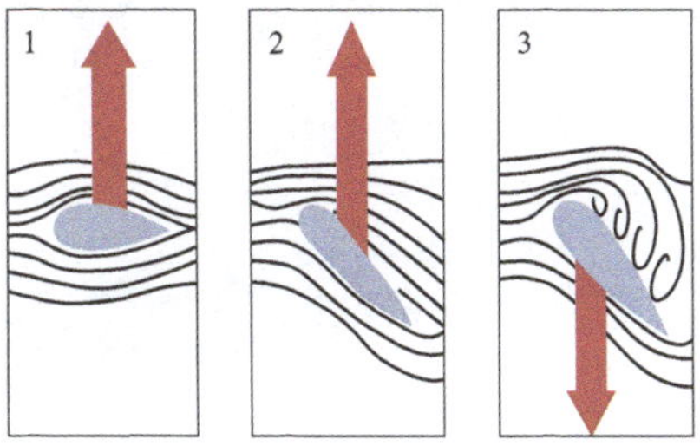

图 2－102　涡流

4. 空气动力系数

阻力系数 $C_x(C_D)$：

$$C_x = \frac{X}{\frac{1}{2}\rho v^2 S} \quad (2-6)$$

升力系数 $C_y(C_L)$：

$$C_y = \frac{Y}{\frac{1}{2}\rho v^2 S} \quad (2-7)$$

5. 升力特性曲线（如图 2－103 所示）

$C_y - \alpha$ 曲线的特点：

$C_y = 0$ 的迎角（用 α_0 表示）一般为负值（0°～4°）；

$C_y - \alpha$ 曲线在一个较大的范围内是直线段；

C_y有一个最大值 C_{ymax}，而在接近最大值 $C_{y\,max}$前曲线上升的趋势就已减缓，如图 2－104 所示。

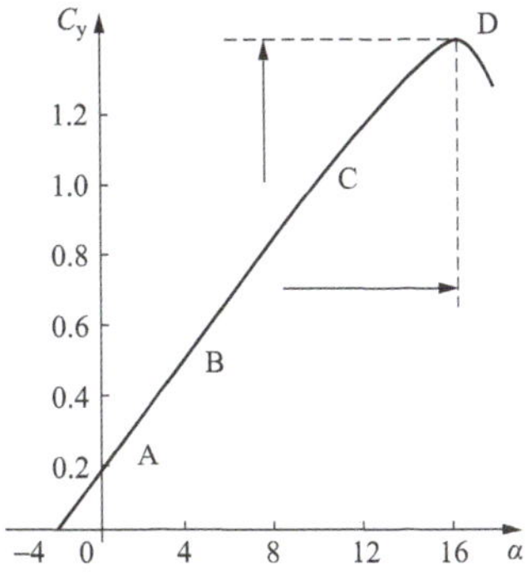

图 2－103　升力特性曲线

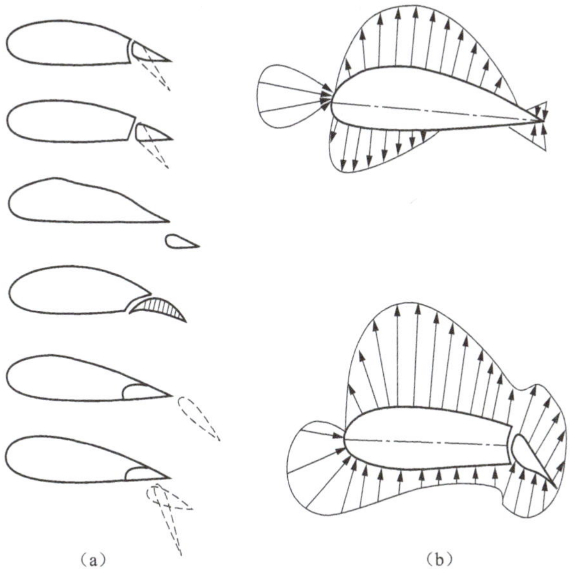

图 2－104　改变后缘弯度的作用

（a）具有各式后缘附翼的机翼；（b）偏舵前后的压力分布

6. 阻力

阻力分为以下几种：摩擦阻力、压差阻力、干扰阻力、诱导阻力、激波阻力。

（1）摩擦阻力。由空气的粘性造成，并且附面层包含层流附面层和紊流附面层，如图 2－105 所示。

层流流动，摩擦阻力小，紊流流动，摩擦阻力大得多，因此应该尽量使物体表面的流动保持层流状态。

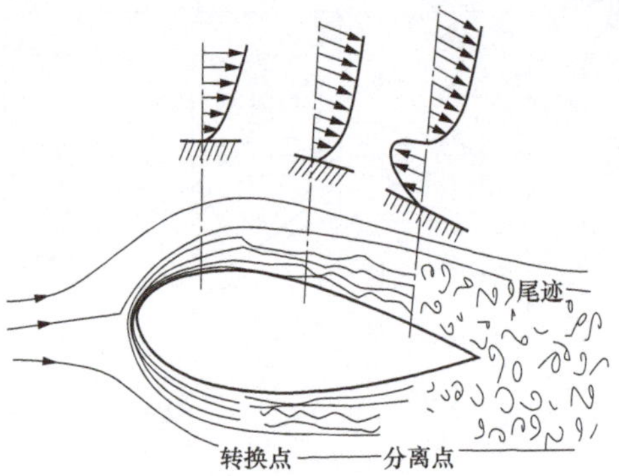

图 2－105　摩擦阻力附面层

（2）压差阻力（如图 2－106 所示）。运动着的物体前后所形成的压强差所产生的。

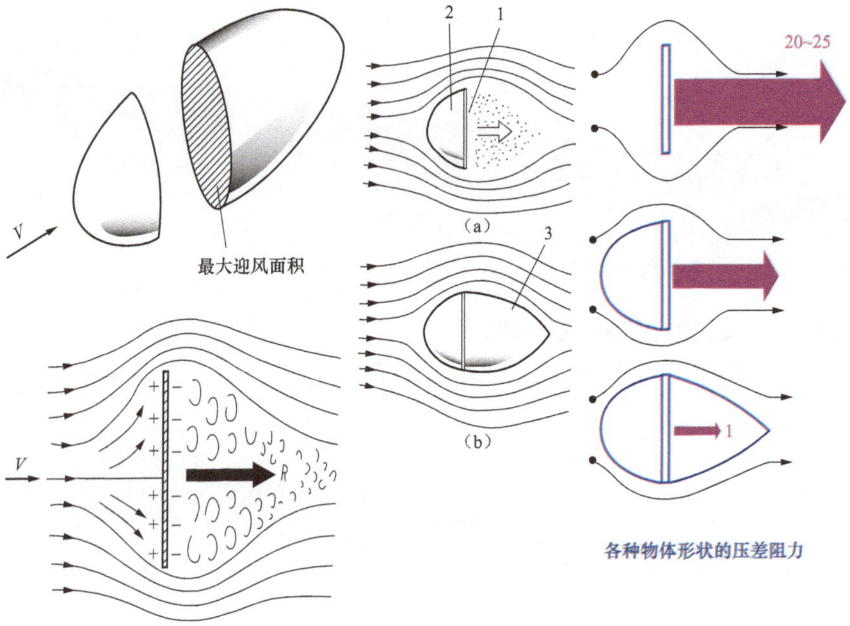

图 2－106　压差阻力

同物体的迎风面积、形状和在气流中的位置都有很大的关系。

（3）迎面阻力。摩擦阻力和压差阻力合起来叫作“迎面阻力”一个物体究竟哪种阻力占主要部分，主要取决于物体的形状。

在流线体中，迎面阻力中主要是摩擦阻力。而远离流线体的式样，压差阻力占主要部分，摩擦阻力则居次要位置，且总的迎面阻力也较大。

（4）诱导阻力（如图 2－107 所示）。

诱导阻力是伴随升力而产生的。翼尖涡使流过机翼的气流向下偏转一个角度（下洗）。升力与气流方向垂直（向后倾斜），产生了向后的分力（阻力）。诱导阻力同机翼的平面形状，翼剖面形状，展弦比，特别是同升力有关。

(5) 干扰阻力（如图 2 - 108 所示）。

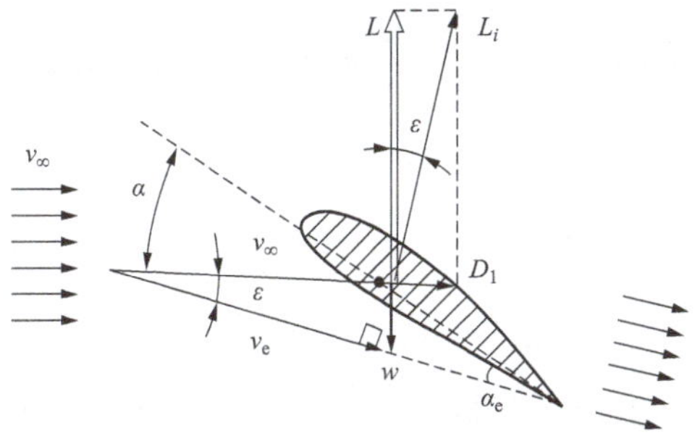

图 2 - 107　诱导阻力

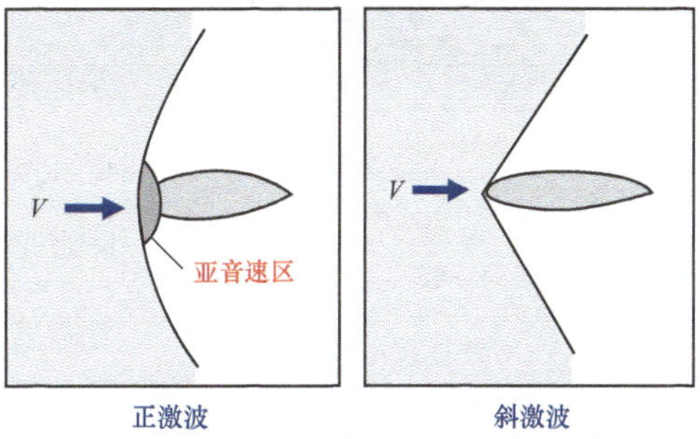

图 2 - 108　不同头部类型对激波的影响

气流流过翼—身连接处，由于部件形状的关系，形成了一个气流的通道。高压区形成气流阻塞，使气流开始分离，产生旋涡，能量消耗。

干扰阻力和飞机不同部件之间的相对位置有关，如图 2 - 109 所示。

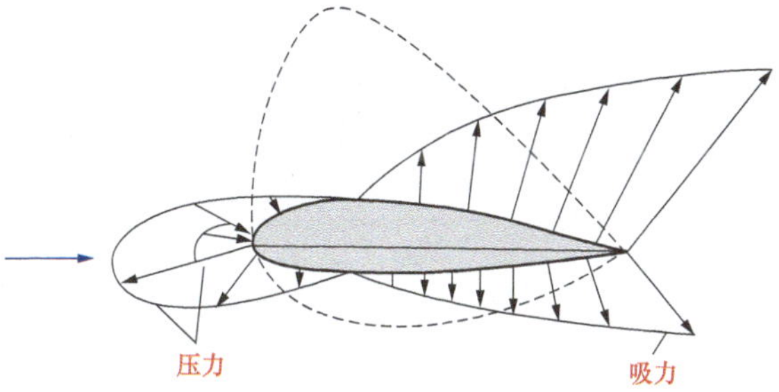

图 2 - 109　亚音速和超音速下（阴影）机翼上压强分布

(6) 激波阻力。激波阻力属于压差阻力。

1) 激波。飞机飞行过程中对空气产生扰动，扰动（以扰动波的形式）以音速传播，积聚，如图 2 - 110 所示。

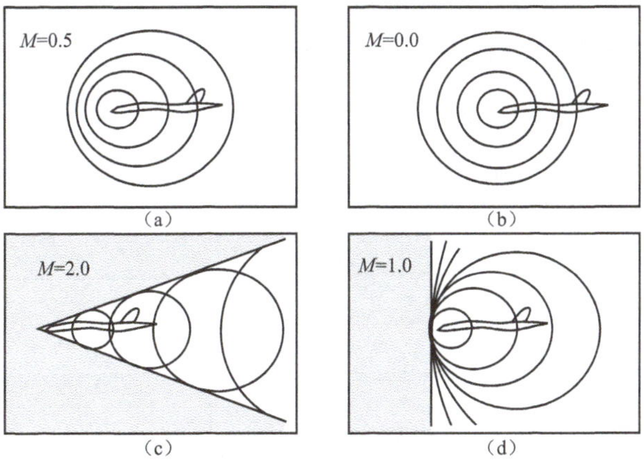

图 2 - 110　不同飞行速度下的声音传播

当飞行速度小于音速时，扰动波的传播速度大于飞机前进速度，传播向四面八方，如图 2 - 111 所示。

当飞行速度等于或超过音速时，扰动波的传播速度等于或小于飞机前进速度，后续时间的扰

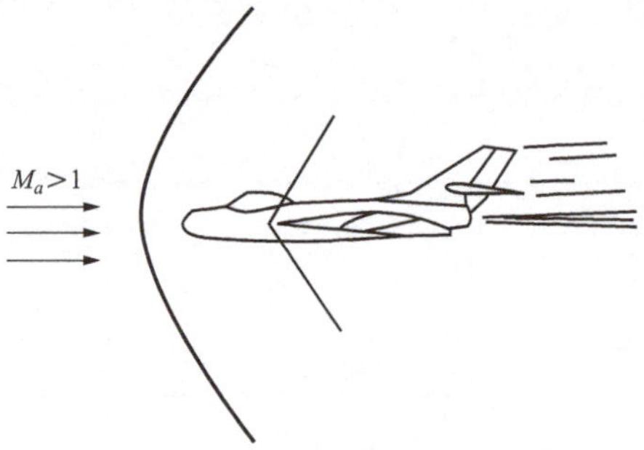

图 2-111　激波形成原理

动就会同已有的扰动波叠加在一起形成较强的波，空气受到强烈的压缩而形成了激波，如图 2-112 所示。

2）波阻。从能量的观点出发：空气通过激波时，受到薄薄一层稠密空气的阻滞，使得气流速度急骤降低，由阻滞产生的热量来不及散布，于是加热了空气。加热所需的能量由消耗的动能而来。在这里，能量发生了转化—由动能变为热能。动能的消耗表示产生了一种特别的阻力。这一阻力由于随激波的形成而来，所以就叫作“波阻”。

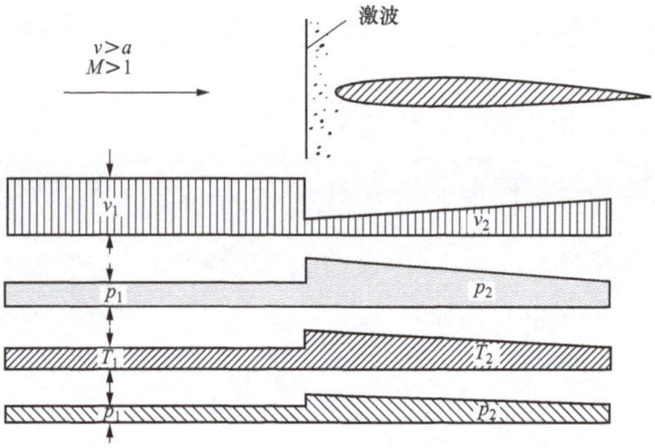

图 2-112　激波前后气流物理参数的变化

从机翼上压强分布的观点出发，亚音速的，最大稀薄度靠前，压强分布沿着与飞行相反的方向上的合力，不是很大，即阻力不是很大。

超音速情况下，最大稀薄度向后远远地移动到尾部，而且向后倾斜得很厉害，同时它的绝对值也有增加。因此，如果再考虑机翼头部压强的升高，那么压强分布沿与飞行相反方向的合力，急剧增大，使得整个机翼的总阻力相应有很大的增加。这附加部分的阻力就是波阻。

3）正激波和斜激波。

当 $M_a=1$ 时，为正激波。

当 $M_a>1$ 时，钝头：正激波；尖头：斜激波。

正激波的波阻大，空气被压缩很厉害，激波后的空气压强、温度和密度急剧上升，气流通过时，空气微团受到的阻滞强烈，速度大大降低，动能消耗很大，这表明产生的波阻很大。

斜激波波阻较小，倾斜的越厉害，波阻就越小，如图 2-113 所示。

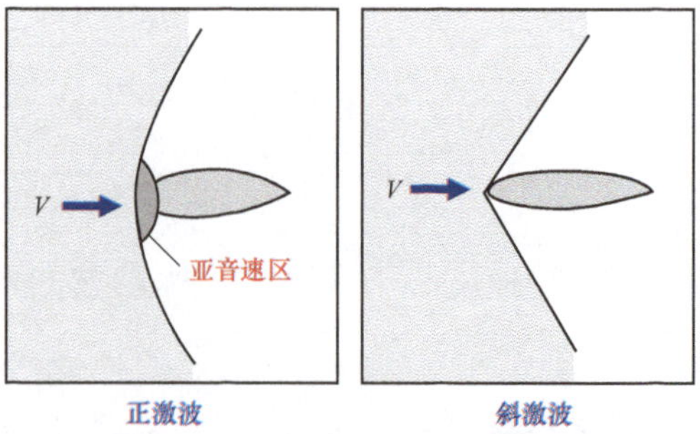

图 2-113　不同头部类型对激波的影响

4）临界马赫数。飞机飞行过程中：上翼面→流管收缩→局部流速加快，大于远前方来流速度，局部流速的加快→局部温度降低→局部音速下降。

当翼型上最大速度点的速度增加到等于当地音速时，远前方来流速度 V_{∞} 就叫做此翼型的临界速度（对应临界马赫数）。

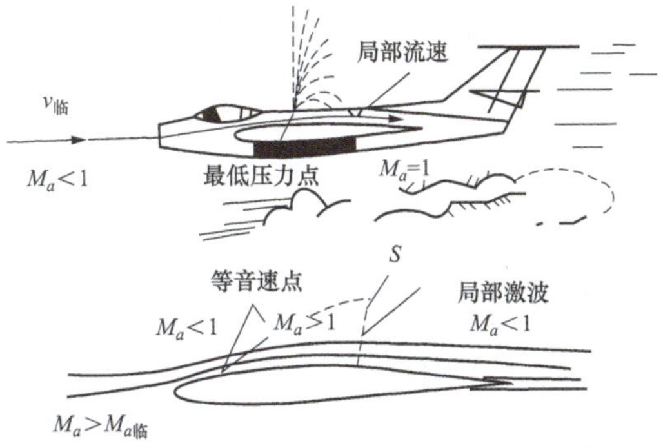

图 2-114　局部激波

5）局部激波。当 $M_{\infty}>M_{cr}$ 以后，在翼型上表面等音速点后面，由于翼型表面的连续外凸，流管扩张，空气膨胀加速，出现局部超音速区，如图 2-114 所示。

通常机翼上表面会首先达到当地音速，局部激波首先出现在上翼面。随着速度的增加，下翼面也会出现局部激波，而且当速度进一步增加时，机翼上下表面的局部激波还会向后移动，并且下翼面的局部激波的移动速度比上翼面的大，可能一直移到机翼后缘，同时激波的强度也将增大，激波阻力将增大。

二、多旋翼无人机飞行控制原理

以四旋翼飞行器为例，飞行原理如图 2-115 所示，电机 1 和电机 3 逆时针旋转的同时，电机 2 和电机 4 顺时针旋转，因此飞行器平衡飞行时，陀螺效应和空气动力扭矩效应全被抵消。与传统的直升机相比，四旋翼飞行器的优势是各个旋翼对机身所产生的反扭矩与旋翼的旋转方向相反，因此当电机 1 和电机 3 逆时针旋转时，电机 2 和电机 4 顺时针旋转，可以平衡旋翼对机身的反扭矩。

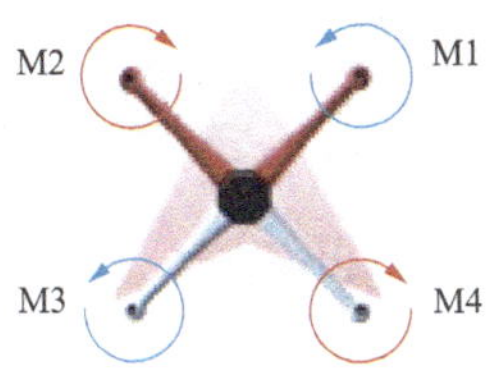

图 2-115　四旋翼飞行器的飞行原理

一般情况下，多旋翼飞行器可以通过调节不同电机的转速来实现 4 个方向上的运动，分别为垂直、俯仰、横滚和偏航，如图 2-116 所示。

1. 垂直运动，即升降控制

在图 2-117 中，两对电机转向相反，可以平衡其对机身的反扭矩，当同时增加四个电机的输出功率，旋翼转速增加使得总的拉力增大，当总拉力足以克服整机的重量时，四旋翼飞行器便离地垂直上升；反之，同时减小四个电机的输出功率，四旋翼飞行器则垂直下降，直至平衡落地，实现了沿 z 轴的垂直运动。当外界扰动量为零时，在旋翼产生的升力等于飞行器的自重时，飞行器便保持悬停状态。保证四个旋翼转速同步增加或减小是垂直

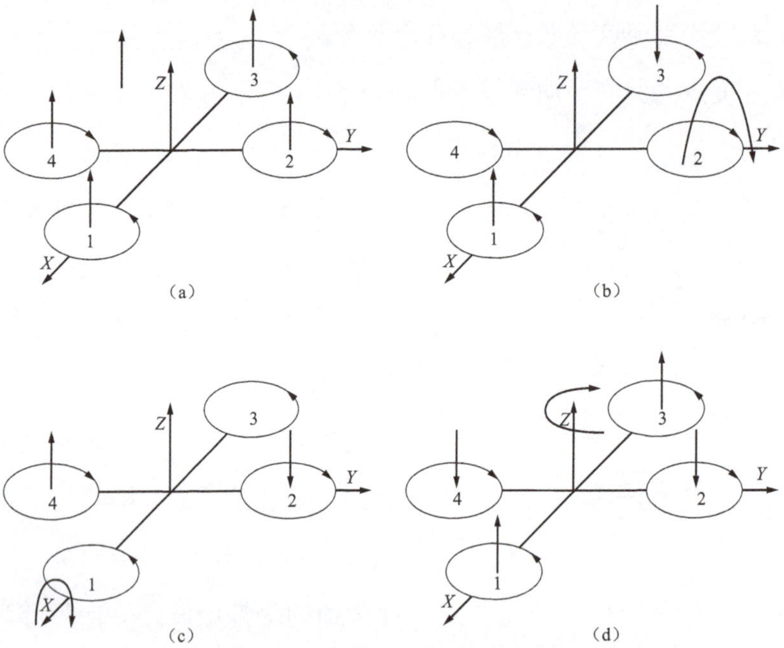

图 2-116　十字形四旋翼的控制方法

(a) 垂直运动；(b) 俯仰运动；(c) 横滚运动；(d) 偏航运动

运动的关键。

2. 俯仰运动，即前后控制

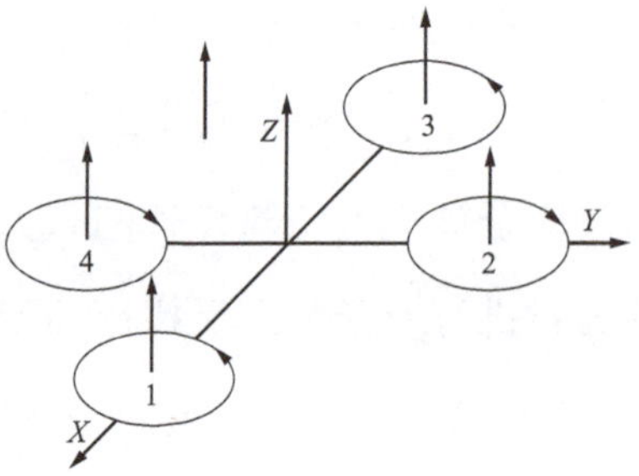

图 2-117　垂直运动时全部电机力的方向是一致的

在图 2-118 中，电机 1 的转速上升，电机 3 的转速下降，电机 2、电机 4 的转速保持不变。为了不因为旋翼转速的改变引起四旋翼飞行器整体扭矩及总拉力改变，旋翼 1 与旋翼 3 转速该变量的大小应相等。由于旋翼 1 的升力上升，旋翼 3 的升力下降，产生的不平衡力矩使机身绕 Y 轴旋转（方向如图 2-118 所示），同理，当电机 1 的转速下降，电机 3 的转速上升，机身便绕 Y 轴向另一个方向旋转，实现飞行器的俯仰运动。

3. 横滚运动，即左右控制

与图 2-119 的原理相同，在图 2-120 中，改变电机 2 和电机 4 的转速，保持电机 1 和电机 3 的转速不变，便可以使机身绕 X 轴方向旋转，从而实现飞行器横滚运动。

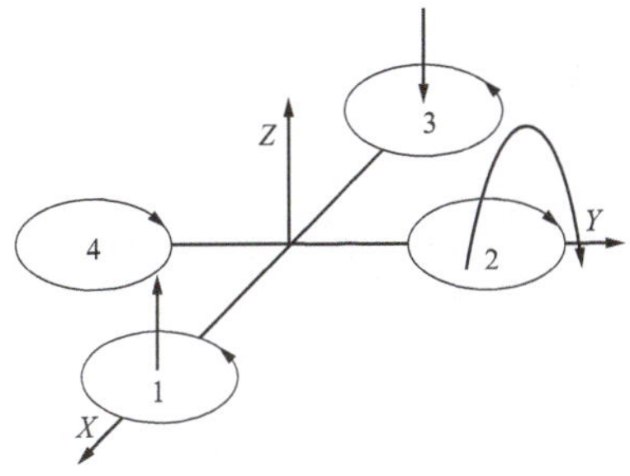

图 2－118　俯仰运动时 1、3 号电机的转速不同

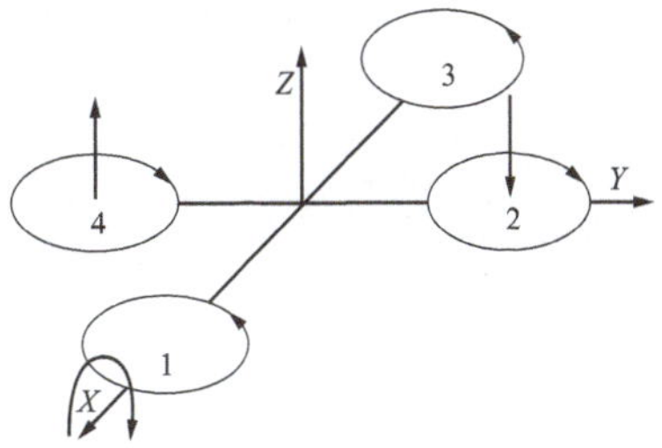

图 2－119　滚转运动时 2、4 号电机转速不同

4. 偏航运动，即旋转控制

四旋翼飞行器偏航运动可以借助旋翼产生的反扭矩来实现。旋翼转动过程中由于空气阻力作用会形成与转动方向相反的反扭矩，为了克服反扭矩影响，可使四个旋翼中的两个正转，两个反转，且对角线上的各个旋翼转动方向相同。反扭矩的大小与旋翼转速有关，当四个电机转速相同时，四个旋翼产生的反扭矩相互平衡，四旋翼飞行器不发生转动；当四个电机转速不完全相同时，不平衡的反扭矩会引起四旋翼飞行器转动。在图 2－120 中，当电机 1 和电机 3 的转速上升，电机 2 和电机 4 的转速下降时，旋翼 1 和旋翼 3 对机身的反扭矩大于旋翼 2 和旋翼 4 对机身的反扭矩，机身便在富余反扭矩的作用下绕 Z 轴顺时针转动，从而实现飞行器的偏航运动。

在这里，当顺时针旋转的电机转速高于逆时针电机时，飞行器将逆时针旋转。

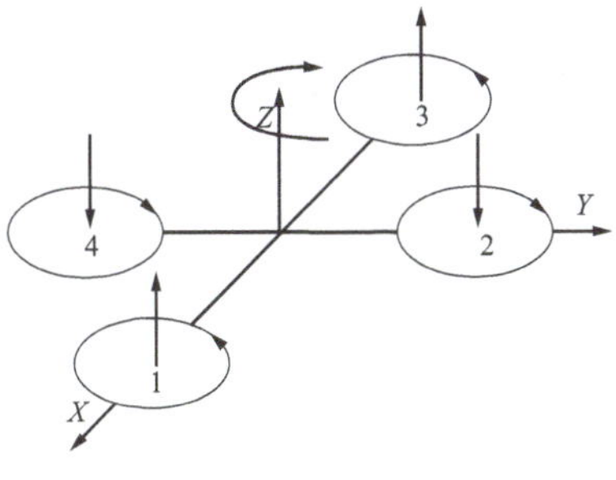

图 2－120　偏航运动时 1、3 号电机与 2、4 号电机转速不同

练习思考题

简述无人机的飞行原理及控制？

第六节 无人机与飞行环境

一、风

风力是指风吹到物体上所表现出的力量的大小。一般根据风吹到地面或水面的物体上所产生的各种现象，把风力的大小分为18个等级，最小是0级，最大为17级。

风影响着飞行器的稳定性、续航时间、相对地面的运动轨迹、速度和航向等，飞行器顺风飞行时续航时间将增长，逆风飞行时续航时间将相应的缩短。所以在任何一款多旋翼飞行器使用说明书当中都会明确其抗风等级。例如MG-1产品说明书上就有说明，恶劣天气请勿飞行，请在5级以内飞行，相对应的风速是8～10m/s。飞行器的抗风能力与其机身重量、动力冗余、飞控特性息息相关，但是在使用任何一款飞行器之前一定要明确其抗风等级，以明确其所能适应的飞行环境。

另外，天气预报的风速都是低空风速，无人机在空中飞行，如果飞到高空后风速及风向极有可能突变，远远大于地面风速。这时如果风速超过多旋翼飞行器的抗风能力，飞行器自身动力无法抵抗强劲风速，那飞行器的操作将变得十分困难。大部分的多旋翼飞行器除特殊应用外都应在5级风以内进行飞行，以保证飞行安全，如图2-121所示。

风力等级	风的名称	风速		陆地现象	海面状态
		m/s	km/h		
0	无风	0～0.2	小于1	静，烟直上	平静如镜
1	软风	0.3～1.5	1～5	烟能表示风向，但风向标不能转动	微浪
2	软风	1.6～3.3	6～11	人面感觉有风，树叶有微响，风向标能转动	小浪
3	微风	3.4～5.4	12～19	树叶及微枝摆动不息，旗帜展开	小浪
4	和风	5.5～7.9	20～28	能吹起地面灰尘和纸张，树的小枝微动	轻浪
5	清劲风	8.0～10.7	29～38	有叶的小树枝摇摆，内陆水面有小波	中浪
6	强风	10.8～13.8	39～49	大树枝摆动，电线呼呼有声，举伞困难	大浪
7	疾风	13.9～17.1	50～61	全树摇动，迎风步行感觉不便	巨浪
8	大风	17.2～20.7	62～74	微枝折毁，人向前行感觉阻力甚大	猛浪
9	烈风	20.8～24.4	75～88	建筑物有损坏（烟囱顶部及屋顶瓦片移动）	狂涛
10	狂风	24.5～28.4	89～102	陆上少见，见时可使树木拔起将建筑物损坏严重	狂涛
11	暴风	28.5～32.6	103～117	陆上很少，有则必有重大损毁	非凡现象
12	飓风	32.7～36.9	118～133	陆上绝少，其摧毁力极大	非凡现象
13	飓风	37.0～41.4	134～149	陆上绝少，其摧毁力极大	非凡现象
14	飓风	41.5～46.1	150～166	陆上绝少，其摧毁力极大	非凡现象
15	飓风	46.2～50.9	167～183	陆上绝少，其摧毁力极大	非凡现象
16	飓风	51.0～56.0	184～201	陆上绝少，其摧毁力极大	非凡现象
17	飓风	56.1～61.2	202～220	陆上绝少，其摧毁力极大	非凡现象

图2-121 风力与风速表

1. 乱流

气流在中高空相对比较稳定，但是在地面上由于建筑、树木、地形的存在，气流在流经这些区域会产生方向迅速变化不稳定的气流，称之为乱流。乱流因为方向不定，所以会对飞行器的状态造成一定的影响，所以应特别注意。乱流的影响程度，主要是风的速度以及障碍物的形状及大小，速度过快且混乱的乱流有可能对多旋翼飞行器的飞行造成不可估计的后果，如图 2－122 所示。

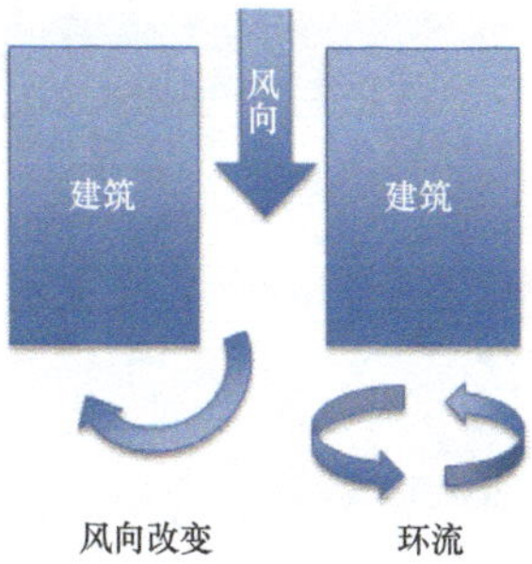

图 2－122　风流经建筑时风向发生乱流

2. 风向

风向从来都是飞行器飞行的重要影响因素，逆风飞行将降低飞行器的飞行速度，而顺风飞行恰恰相反。有较大的侧风则会对飞行器的降落造成降落困难或者侧翻，降落时应注意风的方向。

另外，在风速较大时，应尽量避免飞到下风向较远距离，这是因为如果风速过快，飞行器返回起飞点的过程将全程逆风，有可能导致飞行器返回困难或者电量耗尽仍未回到起飞点，如图 2－123 所示。

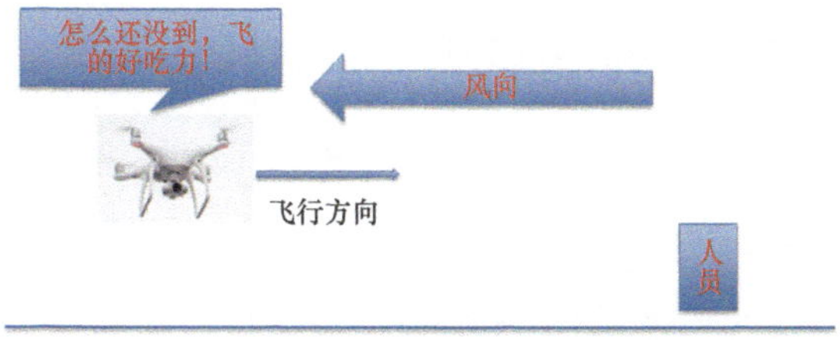

图 2－123　风力较大时应避免飞到下风向较远距离

3. 风切变

一般多旋翼飞行器的飞行高度低于 500m，这个高度恰恰是“风切变”的多发区，这会导致飞行器严重偏航以及稳定性降低。

（1）低空风切变介绍。风切变是指风速矢量或其分量沿垂直方向或某一水平方向的变化。风切变是向量值，它反映了所研究的两点之间风速和风向的变化。在航空气象学中，低空风切变通常是指近地面 600m 高度以下的风切变。

低空风切变的形成需要一定的天气背景和环境条件。雷暴、积雨云、龙卷风等天气有较强的对流，能形成强烈的垂直风切变；强下击暴流到达地面后向四周扩散的阵风，能形成强烈的水平风切变；锋面两侧气象要素差异大，容易产生较强的风切变，如图 2－124 所示。

（2）对飞行器的飞行影响。低空风切变对飞行器的飞行有很大的影响，严重时甚至可能引发事故，这种影响的程度取决于风切变的强度和飞行器的高度。低空风切变对飞行器造成的主要影响有改变飞行器航迹、影响其稳定性和操作性。

1）顺风切变对飞行器的影响。飞机飞行过程中进入顺风切变区时（例如从强逆风突然转为弱逆风，或从逆风突然转为无风或顺风），顺风切变使多旋翼飞行器顺着风向进行漂移，在有GPS定位设备的情况下，多旋翼将有部分动力用于抵抗风速，这时应根据飞行方向做适度油门调整。

2）逆风切变对飞行的影响。飞行器进入逆风切变区时（例如从强的顺风，突然转为弱顺风，或从顺风突然转为无风或逆风），这时应注意飞行器飞行距离，切勿飞行距离过远。

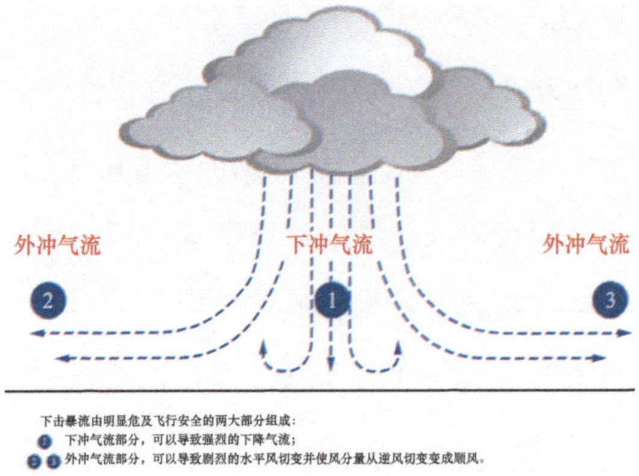

图 2-124 低空风切变

3）侧风切变对着陆的影响。侧风切变会使多旋翼飞行器产生侧向漂移，使飞行轨迹发生变化。

4）垂直风切变对着陆的影响。当多旋翼飞行器在着陆过程中遇到升降气流时，应注意控制油门杆量，保持匀速下降，注意上升下降气流对飞行器降落速度的影响。

二、温度

温度是表示物体冷热程度的物理量，摄氏度是目前世界上使用较为广泛的一种温标——摄氏温标的温度计量单位，用符号“℃”表示，指在1标准大气压下，纯净的冰水混合物的温度为0℃，水的沸点为100℃，其间平均分为100份，每一等份为1度，记作1℃。温度对飞行器的影响主要包括对电池放电性能的影响、空气密度的变化以及较大的温差会凝结成水汽从而影响飞行器的状态。

1. 温度对锂电池放电性能的影响

环境温度对于飞行器的影响，主要是改变聚合物锂电池的充放电性能，锂聚合物电池属于化学电池，其充放电过程就是其内部进行化学反应的过程，低温将使电池的反应速率下降，从而造成续航时间、放电功率改变、电压骤降和飞行动力不足。图2-125是一款电池的不同温度下放电电压示意图，电池温度越低，起飞后电芯电压越低，待电池温度上升后，电压慢慢恢复正常。

基于此，如需在较低温度下进行飞行，应做到以下几点：

（1）飞行前，务必将电池充满电，保证电池处于高电压状态。

（2）将电池充分预热至25℃以上，降低电池内阻。建议使用电池预热器，对电池进行预热。

（3）起飞后保持飞机悬停1min左右，让电池利用内部发热，让自身充分预热，降低电池

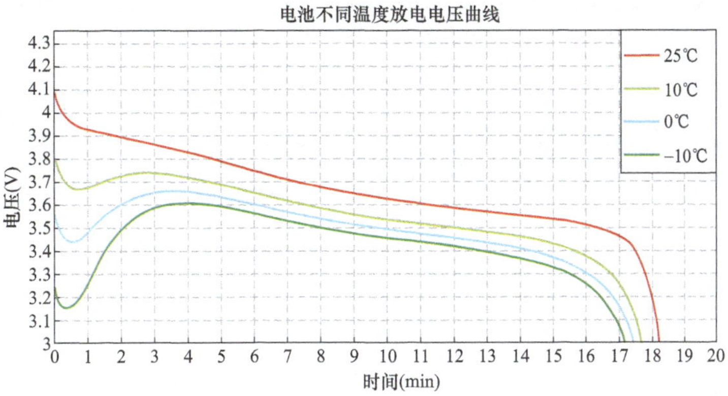

图 2-125　温度对电池放电性能的影响

内阻。

2. 气温对飞行效率的影响

另外，气温的高低，将影响螺旋桨的效率。气温较高时，大气密度小，螺旋桨拉力减小，多旋翼飞行器的最大载重和升限都稍有减小。反之其最大载重和升限都会有所增大。

其次，温度的高低，将影响多旋翼飞行器的气压高度计的指示，外界环境温度的改变将影响其工作状态，从而导致高度显示的不正确性和误差的生成。

3. 温差对多旋翼飞行器的影响

(1) 许多多旋翼飞行器的工作任务为航拍作业，若温度过低或者温差过大，将导致搭载的镜头镜面结雾，影响拍摄任务。

(2) 在有暖气的北方，在室外温度较低时，直接将多旋翼飞行由室内带至室外将导致飞行器内部水汽凝结，有可能使飞控系统以及电子调速器受到凝水的影响，从而导致故障。

飞行器的每一个零部件都有其工作环境温度，若工作环境温度太高或太低，将影响其工作状态，对飞行安全造成重大影响。大疆 MG-1 飞行器的工作环境温度为 0～40℃。

三、 湿度

湿度表示大气干燥程度的物理量。一般用相对湿度（R_H），露点（t_d），气温露点差（$t \sim t_d$）来表示。在一定的温度下在一定体积的空气里含有的水汽越少，则空气越干燥；水汽越多，则空气越潮湿。

潮湿空气会使多旋翼飞行器的有关金属部分腐蚀。金属腐蚀后，不但会降低材料的强度，缩短使用时间，而且有可能会造成电路短路等情况，从而影响飞行器的正常工作。

另外，空气的相对湿度越大，表示空气中的水分子含量越大，也就是说，空气的粘度增大了，因此多旋翼飞行器快速转动的螺旋桨将受到更大的空气阻力，从而消耗更多的电能，缩短了其续航时间。

四、能见度

能见度是指正常视力的人在当时天气条件下，从天空背景中能看到或辨认出目标物的最大水平能见距离。能见度距离短的飞行环境，将影响操作者对飞行距离的正确判断，容易导致超视距飞行，从而影响飞行安全，如图 2－126 所示。

图 2－126　能见度较差的雾霾天气

练习思考题

简述对无人机飞行的影响因素有哪些？

第三章

多旋翼无人机操作与实训

学习目标

知识目标：

（1）熟悉多旋翼无人机的基本操作。

（2）熟悉多旋翼无人机的各类飞行操作。

（3）了解多旋翼无人机的维护与保养。

（4）了解多旋翼无人机的飞行注意事项

能力目标：

掌握无人机的飞行操作。

无人机操作实训是掌握无人机使用方法的重要一环，本章通过介绍无人机基础操作、多旋翼无人机飞控操作、多旋翼无人机维护与保养、多旋翼无人机飞行注意事项这四节内容，由浅入深，希望对无人机得到进一步的认识，并初步掌握无人机的飞行操作与保养维护。

第一节　多旋翼无人机基础操作

一、 起飞前准备

（1）飞行前，需要确认所有设备（包括遥控器、智能电池、移动设备等）电量充足；

（2）手动旋转电机，检查电机转动是否顺滑，是否有异响（可在无桨情况下驱动电机检查）；

（3）检查螺旋桨是否有破损、裂痕，桨叶如果有磕碰划痕，弯折，破损或者起落，建议更换；

（4）移去云台固定架；

（5）展开遥控器天线；

（6）安装两对螺旋桨，并检查是否安装到位，桨叶方向是否有装反；

（7）检查场地，周围的建筑物。最近建筑物、最高建筑物，为之后设置返航高度打下基础；

（8）检查图传的延迟时间以及信道的干扰量。如果延迟超过 2s 谨慎飞行或更换干扰较少的信道进行飞行；

（9）检查 SD 卡剩余容量，以及检查是否可以正常拍照、录像。若内存已不足以满足本次飞行拍摄需求，则需要更换 SD 卡再进行飞行；

（10）当飞行器有一下情况时，请校准指南针：

1）首次起飞前；

2）飞行器提示指南针数据异常，并伴有指示灯显示（周围无明显地磁干扰）；

3）飞行环境与上次校准指南针场地相距较远；

4）飞行器机械结构出现变化；

5）飞行时漂移严重或无法直线飞行。

具体校准方法如下：

请选择空阔场地，根据下面的步骤校准指南针。若需查看更多关于指南针校准的内容，请观看相关教学视频。

1）进入 Dji Go app“相机”界面，点击正上方的飞行状态指示栏，在列表中选择指南针校准。飞行器状态指示灯黄灯常亮代表指南针校准程序启动。

2）水平旋转飞行器 360°，飞行器状态指示灯绿常亮，如图 3－1（a）所示。

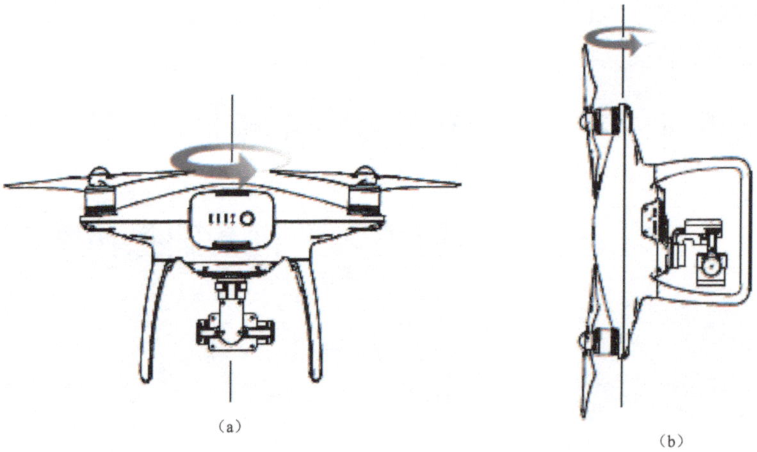

图 3－1　飞行器校准

3）使飞行器机头朝下，水平旋转 360°，如图 3－1（b）所示。

4）完成校准，若飞行器状态指示灯显示红灯闪亮，表示校准失败，请重新校准指南针。

⚠ • 若校准完成后，飞行器状态指示灯仍显示红黄交替闪烁，则表示受到干扰，请更换校准场地。

• 飞行器起飞前若需要进行指南针校准，运行 Dji Go app 后，界面上将会出现指南针校准的提示，成功校准后该提示将会消失。

• 如果指南针校准成功后，将飞行器放回地面时再次提示需要校准，请将飞行器转移至其他的位置放置。

（11）检查各转接口紧固件的紧固情况（M600、MG－1 等机型），对活动部位易松动部分做紧固处理（更换防滑螺丝、轻度螺丝胶等）。

（12）开机请耐心等待预热后再进行，若预热时间过长，请关机冷却飞机后将飞机平放重新进行预热，待再次开机后对 IMU 进行重新校准。

（13）传感器校准过程中需要注意以下几点：

1）校准 imu 过程中切勿移动飞机，不然会提示失败。

2）校准 imu 失败后可直接重新校准。

3）指南针校准应尽量在室外或无线电干扰较少的场地校准。

二、 遥控器的基本操作

1. 遥控器

在了解多旋翼飞行器的操作方式之前，先对遥控器进行一下了解，如图 3－2 所示。遥控器的左右两侧各有一个摇杆，摇杆处在整个行程的中立位，可以向前后左右进行拨动，四个方向分别

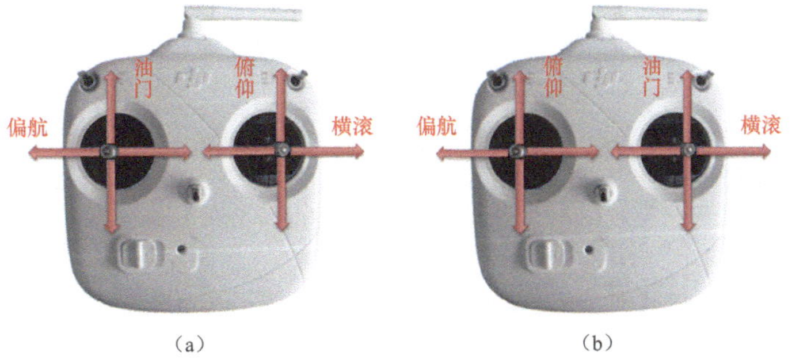

图 3－2 遥控器操作方式图解

（a）美国手操作方式；（b）日本手操作方式

对应油门、偏航、俯仰、横滚。目前主要有两种操作方式比较常用，分别是美国手与日本手。下面，就以美国手摇杆方式来讲解多旋翼飞行器的操作。

遥控器（美国手）	飞行器（⬅为机头朝向）	控制方式
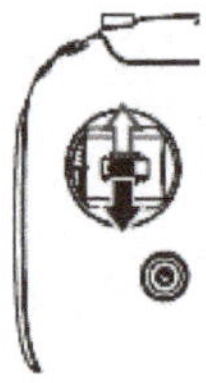	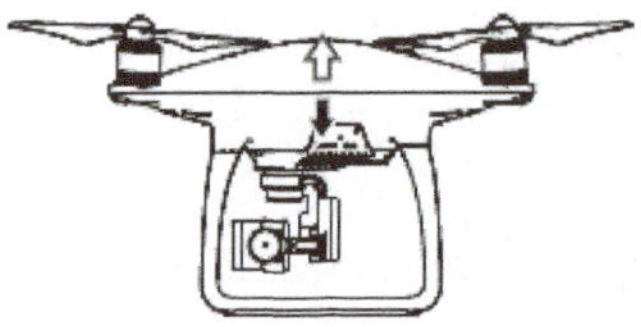	油门摇杆用于控制飞行器升降。 往上推杆，飞行器升高。往下拉杆，飞行器降低。 中位时飞行器的高度保持不变（自动定高）。 飞行器起飞时，必须将油门杆往上推过中位，飞行器才能离地起飞（请缓慢推杆，以防飞行器突然急速上冲）
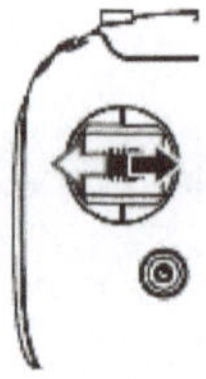	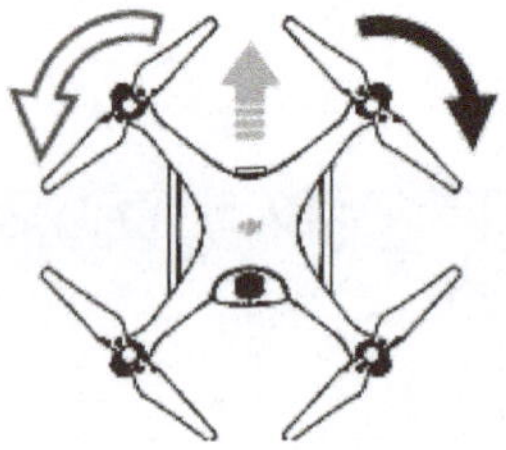	偏航杆用于控制飞行器航向。 往左打杆，飞行器逆时针旋转。往右打杆，飞行器顺时针旋转。中位时旋转角速度为零，飞行器不旋转。 摇杆杆量对应飞行器旋的角速度，杆量越大，旋转的角速度越大
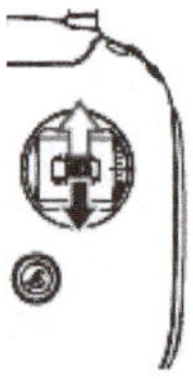	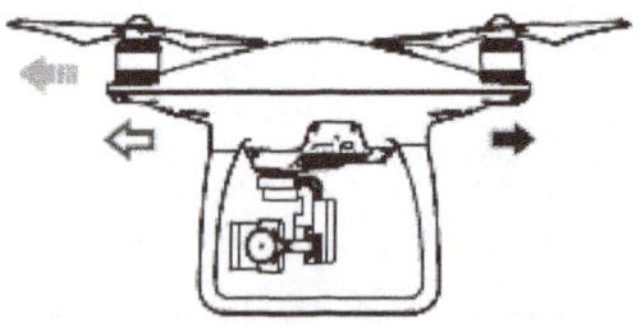	俯仰杆用于控制飞行器前后飞行。 往上推杆，飞行器向前倾斜，并向前飞行。往下拉杆，飞行器向后倾斜，并向后飞行。中位时飞行器的前后方向保持水平。 摇杆杆量对应飞行器前后倾斜的角度，杆量越大，倾斜的角度越大，飞行的速度也越快
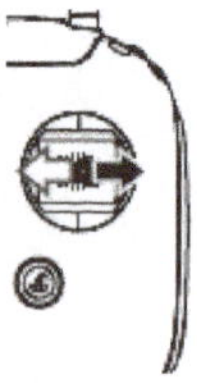	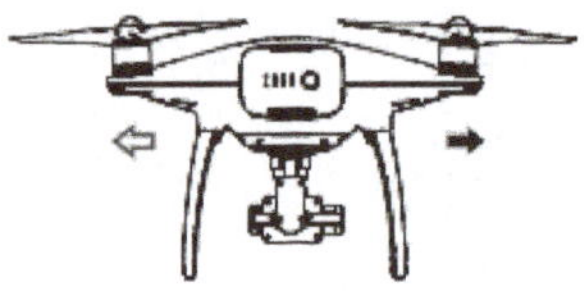	横滚杆用于控制飞行器左右飞行。 往左打杆，飞行器向左倾斜，并向左飞行。往右打杆，飞行器向右倾斜，并向右飞行。中位时飞行器的左右方向保持水平。 摇杆杆量对应飞行器左右倾斜的角度，杆量越大，倾斜的角度越大，飞行的速度也越快
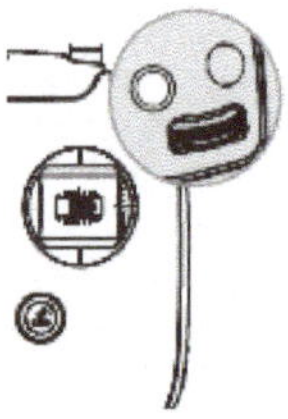	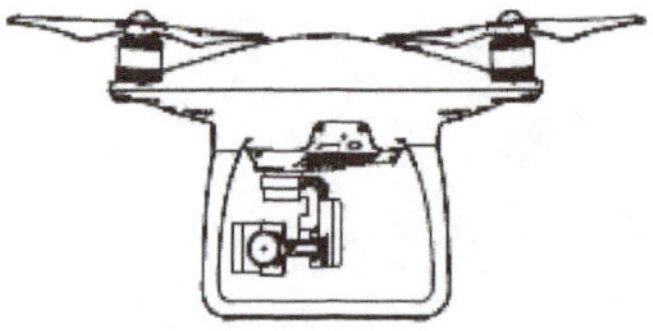	按下遥控器上的“智能飞行暂停按钮”退出智能飞行后，飞行器将于原地悬停

实际的操作，通过两个摇杆四个基本动作即可完成所有的飞行器飞行动作。

2. 飞行器的飞行模式

多旋翼飞行器系统一般提供三种飞行模式，他们操作难易度从高到低分别是 GPS 模式、姿态模式和手动模式。

（1）GPS 模式。必须要有选配 GPS 模块，除了能自动保持飞行器姿态平稳外，还能具备精准定位的功能，在该种模式下，飞行器能实现定位悬停，自动返航降落等功能。GPS 模式也就是 IMU、GPS、磁罗盘、气压计全部正常工作，在没有受到外力的情况下（比如大风）飞行器将一直保持当前高度和当前位置。实际上，很多飞行器的高级功能都需要 GPS 的参与才能完成，比如说大疆农业植保机 MG－1 的智能作业以及返回断航点功能，只有 GPS 的参与的情况飞行器才知道自己在哪，自己该去哪。

GPS 模式也是目前多旋翼飞行器用的最多的飞行模式，它在大疆农业植保机 MG－1 遥控器上的代码是 P。

图 3－3 红点右上方的就是飞行模式三段开关，从下到上分别是 M（手动模式）－A（姿态模式）－P（GPS 模式）。

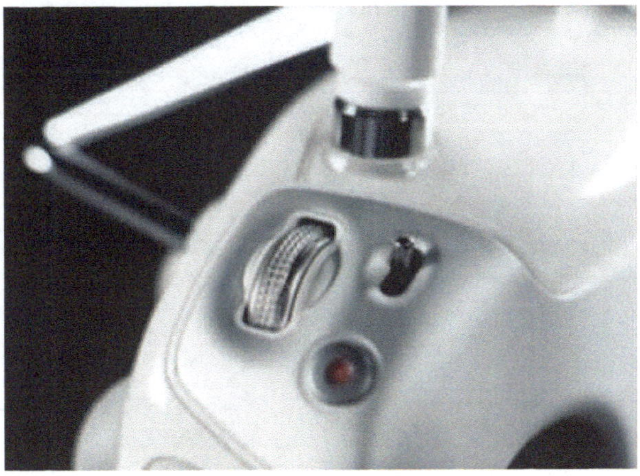

图 3－3　大疆创新多旋翼飞行器的遥控器

（2）姿态模式。适合于没有 GPS 信号或 GPS 信号不佳的飞行环境，能实现自动保持飞行器姿态和高度，但是，不能实现自主定位悬停。因为没有了 GPS 的地理位置信息，所以飞行器在此模式下将持续不稳定的进行漂移，无法稳定悬停在某一点。

姿态模式的操作难度大于 GPS 模式，因为会不断地进行漂移，所以需要进行手工校正，姿态模式在大疆农业植保机 MG－1 遥控器上代码是 A。

（3）手动模式。多旋翼飞行器的飞控系统基本停止动作，系统不会自动保持飞行姿态和高度的稳定，完全由飞手手动控制，除非操纵者操纵技能非常熟练否则很难操纵，新手切勿尝试。

3. 智能飞行模式（航向锁定及返航锁定）的使用

飞行器起飞后，切换飞行模式到F挡，如图3-4所示。

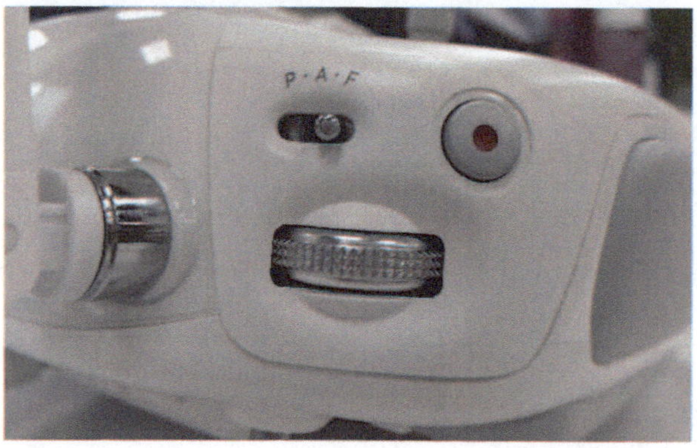

图3-4　遥控器的模式拨杆

在Dji Go APP弹出的菜单中，选择“航向锁定”或“返航锁定”，如图3-5所示。

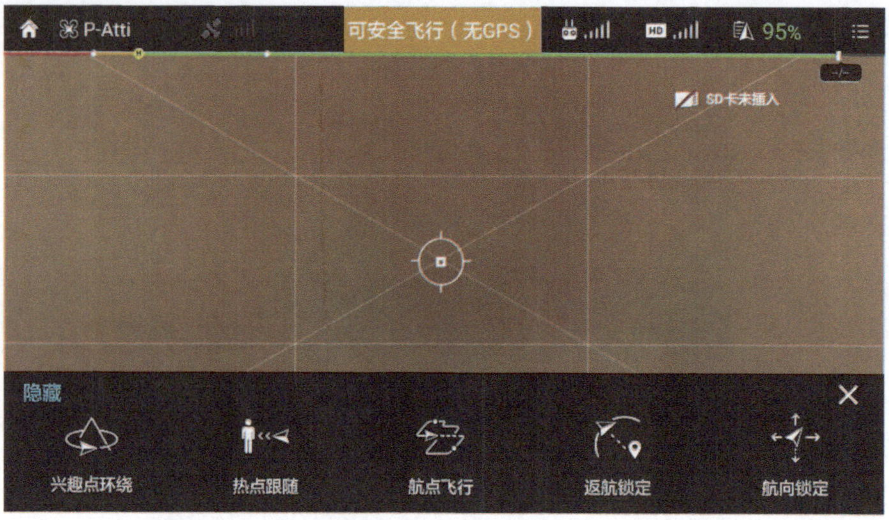

图3-5　Dji Go智能飞行模式界面

（1）航向锁定。

飞行过程中，飞行器设置此模式前，飞行器的前后平移与飞行器原机头方向相同。同时需要重新确定需要锁定的航向后按下立即执行按钮。开始执行后，飞行器将会锁定此时飞行器航向，飞行器进入无头模式（即锁定后机头方向不随飞行器航向改变而改变），此时飞行器的各方向将会按照锁定时的方向进行控制，如图3-6所示。

（2）返航锁定。

飞行过程中，飞行器设置此模式前，飞行器的前后平移与飞行器原机头方向相同。开始执行后，飞行器将会锁定飞行器航向，此时飞行器遥控向后拉动俯仰杆，飞行器将会向返航点飞行，

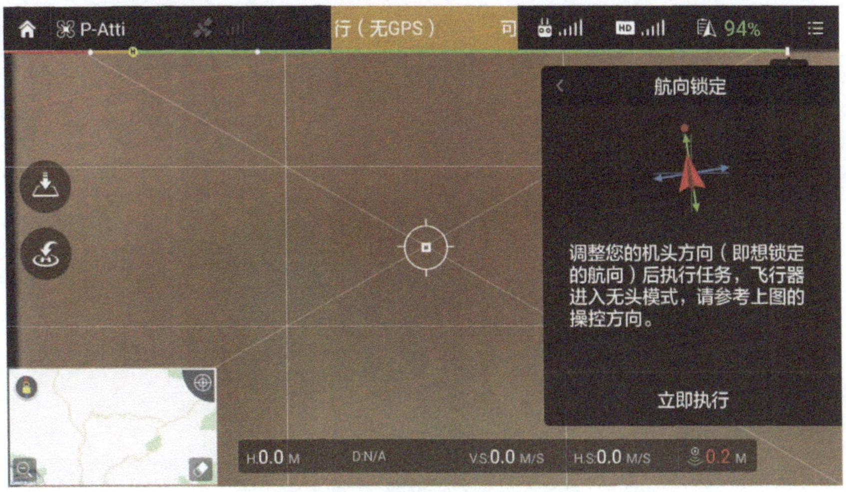

图 3-6　Dji Go 航向锁定界面

反之则远离返航点。此时拨动副翼杆时，飞机将会围绕返航点做渐开线轨迹的运动，如图 3-7 所示。

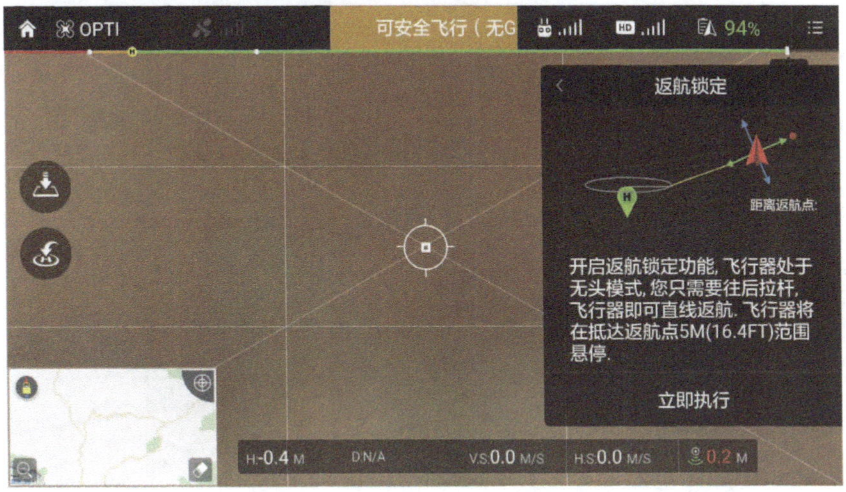

图 3-7　Dji Go 返航锁定界面

三、 多旋翼无人机操作台的基本操作

以 Dji Go APP 为示例进行说明，如图 3-8 所示。Dji Go 封面如图 3-9 所示。

如图 3-10 所示，图像从左到右分别为：

姿态球：蓝色水平线显示飞行器当前飞行姿态；

黄色“H”远点表示飞行器返航点；

红色箭头表示飞行器目前飞行器位置，箭头指向为飞行器机头方向；

绿色区域表示云台可视范围及朝向；

图 3 - 8　Dji Go APP 下载页

图 3 - 9　Dji Go 封面

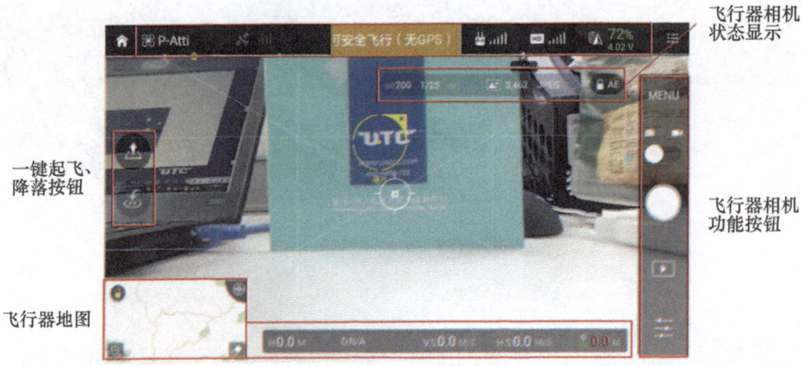

（a）

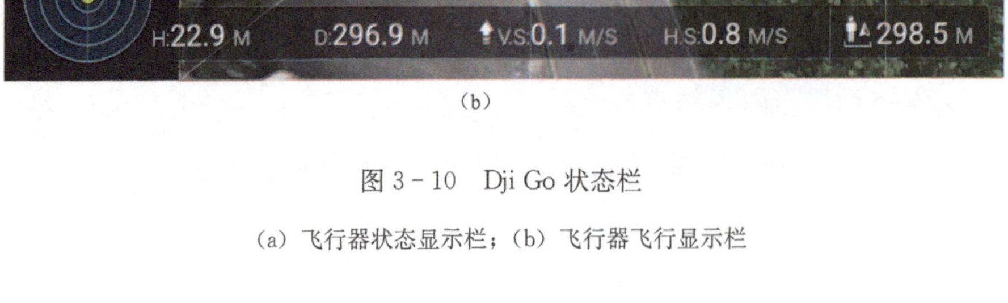

（b）

图 3 - 10　Dji Go 状态栏

（a）飞行器状态显示栏；（b）飞行器飞行显示栏

“Hxx. x M” 表示飞行器高度；

“D xx. x M” 表示飞行器到返航点的距离；

“V. S x. x M/S” 表示飞行器垂直上升或下降速度，方向使用箭头表示；

“H. S x. x M/S” 表示飞行器水平飞行的速度；

 表示飞行器到遥控上移动设备的距离。

1. 飞控设置

点击右方“menu”进入菜单设置，图标后第一项进入飞控参数设置项，如图 3 - 11 所示。

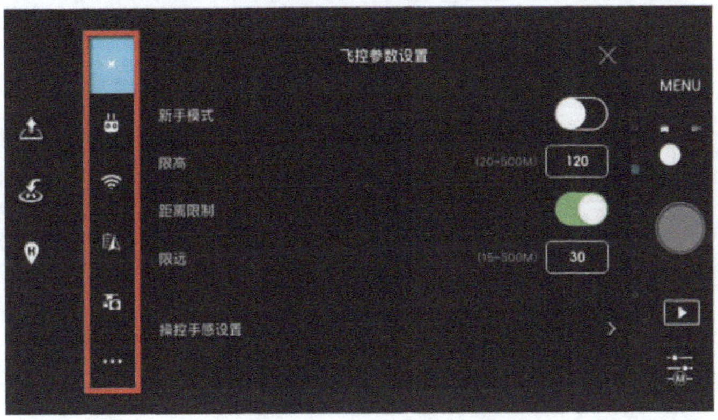

图 3 - 11　飞控设置

（1）新手模式（如图 3 - 12 所示）。

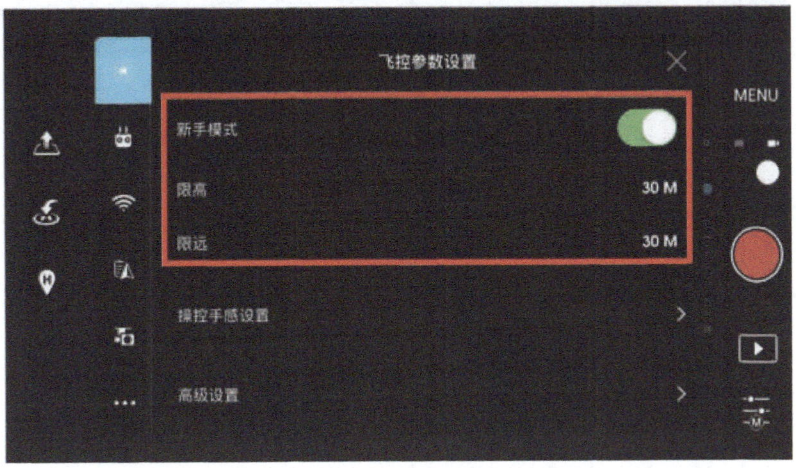

图 3 - 12　新手模式

新手模式下，高度与距离将会限制在 30m 内，同时卫星信号不良的情况下，飞行器无法启动电机，如图 3 - 13 所示。

（2）限高和距离限制。

用于非新手模式下，开启限高、距离限制，如图 3 - 14 所示。

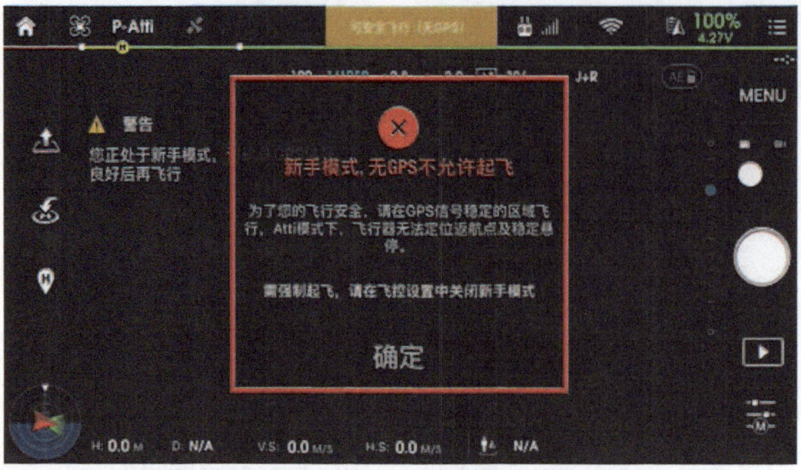

图 3-13　新手模式无 GPS 不允许起飞

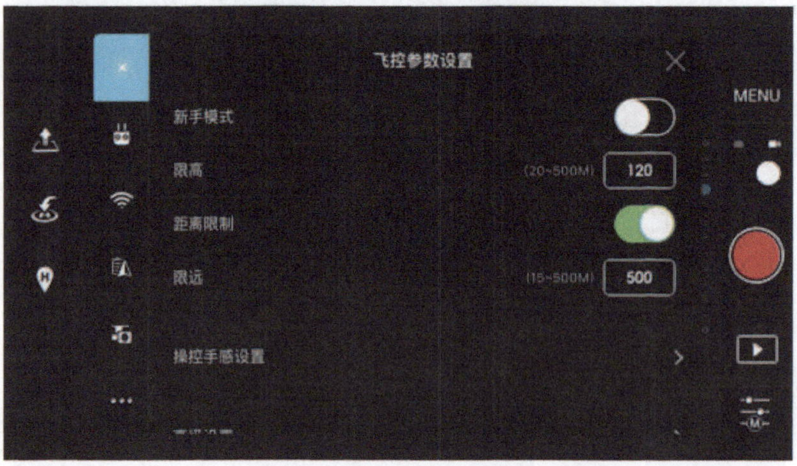

图 3-14　飞行器限制设置

1）输入完限制数值之后，一定要点 Done 完成修改。

2）无 GPS 模式（GPS 数目为 0）情况下，飞行器无法完成距离限制功能。

（3）操纵手感设置。

EXP 值反映了打杆量与飞机相应量之间的逻辑关系，X 轴为打杆量，在打杆量相同的情况下，EXP 值不同，Y 轴反应的输出量也有所不同，如图 3-15 所示。

相同的摇杆输入，数值越大飞机响应就越大。

（4）灵敏度设置如图 3-16 所示。

姿态灵敏度：调节飞行器各个姿态的响应快慢。

刹车灵敏度：调节飞行器各个方向刹车响应的快慢。

偏航行程灵敏度：指飞行器各方向行程的程度强弱。

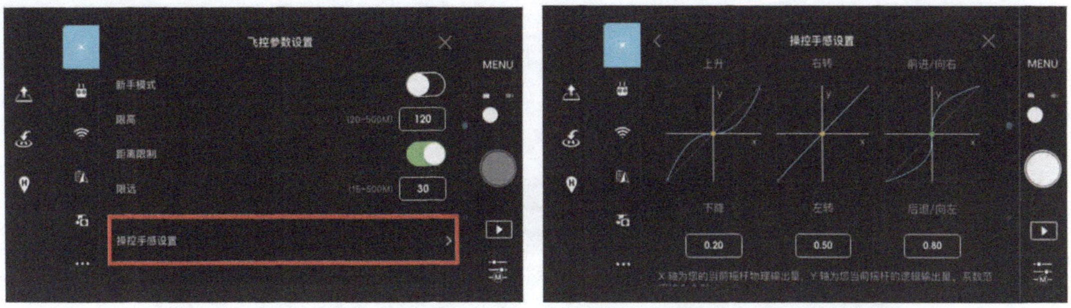

图 3-15　手感设置

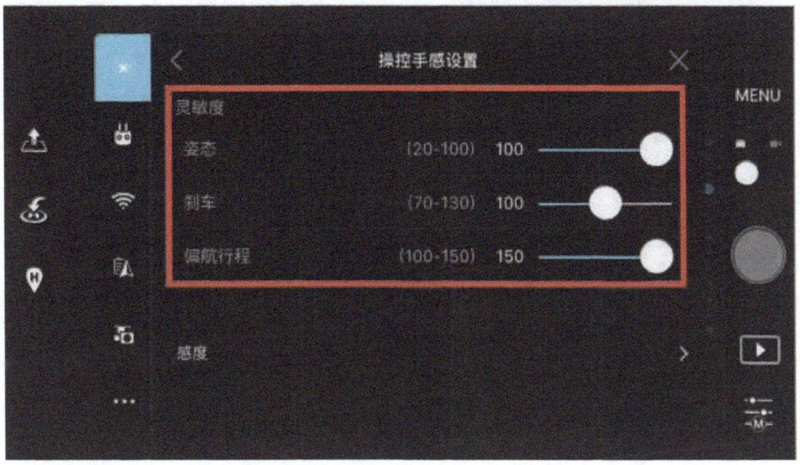

图 3-16　灵敏度设置

(5) 基础感度，如图 3-17 所示。

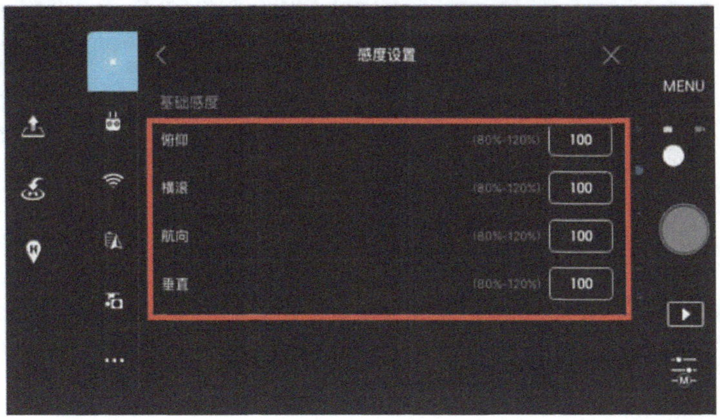

图 3-17　基础感度

注意：EXP 是通过调节遥控器曲线，从而改变手感。

灵敏度是通过调节飞控，从而改变手感。

不建议新手用户调整此版参数。

（6）高级设置。

选择开启后，飞行器可通过遥控器左上方摇杆切换 P 模式（GPS 模式）、S 模式（运动模式）和 A 模式（姿态模式），如图 3－18 所示。

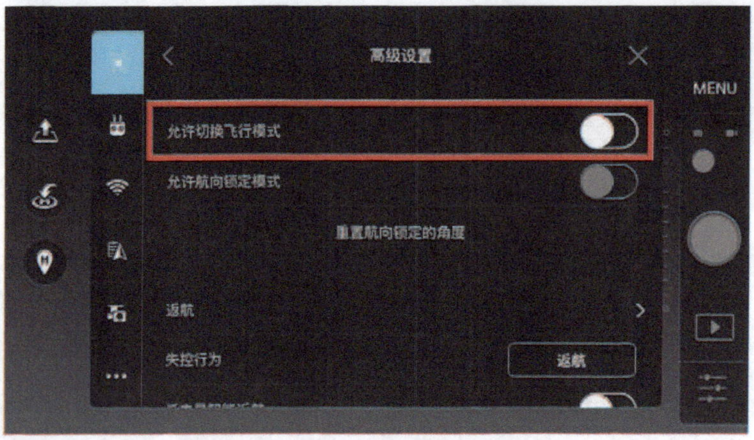

图 3－18　飞行模式切换开关

（7）返航设置。

此项可设置飞行器遥控信号丢失后，飞行器执行的命令选择，可选择“返航”“悬停”及“降落”；返航选项内可设置返航高度，请根据当时飞行的环境来进行修改，默认为 20m，如图 3－19 所示。

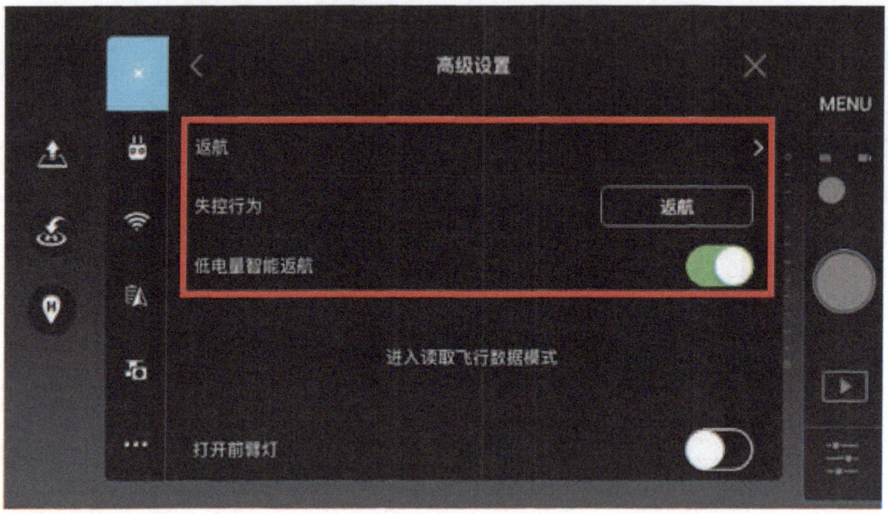

图 3－19　失控设置

注意：

1）飞行器返航功能生效仅限于飞行器接收 GPS 信号良好并且 GPS 数量大于 6 颗时，飞行器语音提示“返航点已刷新，请留意返航位置”，此时飞行器返航点已记录后，才可使用返航功能。

2）飞行器在自动返航的过程中，飞行器上升到指定高度的过程中，飞行器不可控制，但可以选择终止飞行器返航功能。

3）若飞行器水平距离返航点 20m 处触发返航，由于飞行器已处于视距范围内，故飞行器将会从当前位置自动下降并降落。

4）当 GPS 信号欠佳（GPS 图标为灰色）或者 GPS 不工作时，不可使用自动返航。

5）返航过程中，当飞行器上升至 20m 后但没达到预设返航高度前，若用户对同油门杆，则飞行器将会停止上升并从当前高度返航。

6）飞行器已返回到返航点上空时，可操控遥控对飞行器降落地点进行调整，方便降落在平坦区域。

2. 遥控器功能设置

（1）云台波轮控制速度。

用于控制相机云台的摆动速度，数值越大，则摆动速度越快，滚轮也越敏感。若云台波轮控制速度设置为 0，则导致云台无法控制云台摆动，但并不表示云台故障，如图 3－20 所示。

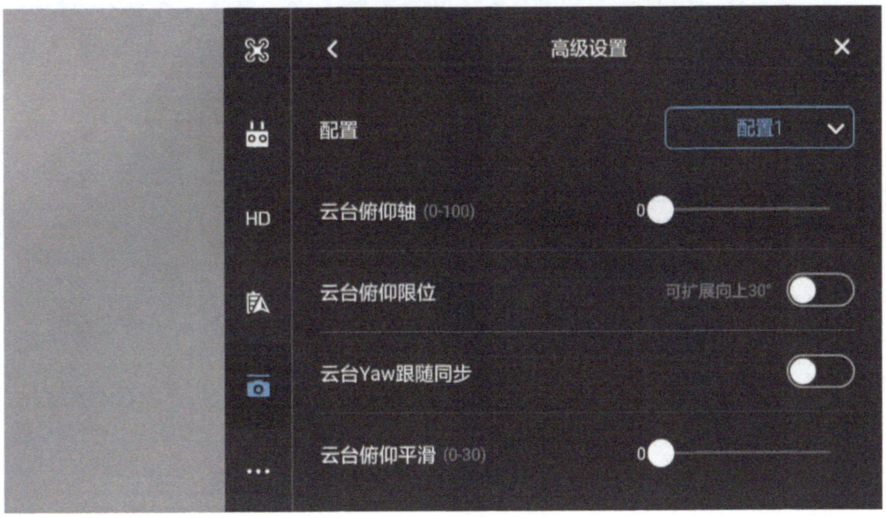

图 3－20　云台摇杆感度设置

（2）遥控器校准。

当飞行过程中飞行器在飞行过程中发生自主漂移或开启遥控时，遥控器提示红灯并伴随急促“滴”声时，则需要进行遥控器校准。校准过程中请勿打开飞行器电源，如图 3－21 所示。

（3）图传设置。

在图传设置界面中，坐标图横轴代表目前仅供使用的信道，纵轴显示信号噪声强度，通常显示为负值，dBm 的绝对值越大，表示其噪声信号强度越低，如图 3－22 所示。即－100 噪声信号最小，绝对值越小则表示图传效果更好，更稳定。

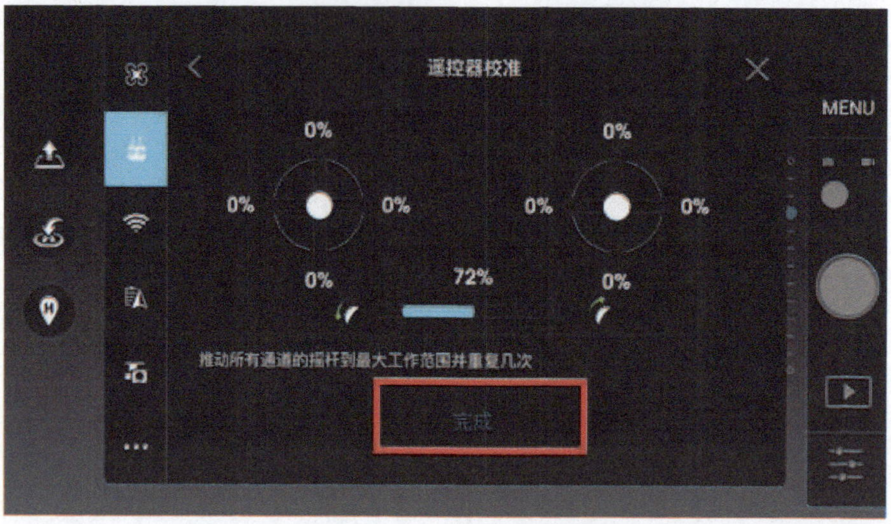

图 3-21　遥控器校准

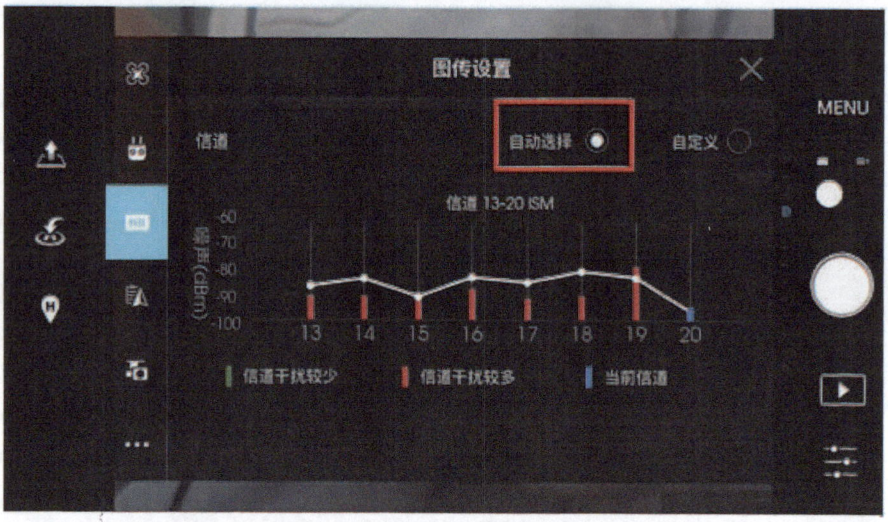

图 3-22　图传设置

信号干扰的强弱，会根据飞行地点的不同随时变化，故采用自动选择可以更好的进行信道切换，自动选择最可靠的信道进行传输，如图 3-23 所示。

若需要进行长距离飞行，需增强图传距离，缓解调频引起的卡顿现象，可使用【自定义】对图传信道进行选择，并调整图传质量，增强图传质量，如图 3-24 所示。

若飞行过程中图像仍传输仍然卡顿，则可以在更多设置中打开“启用硬件解码”，能有效缓解卡顿现象（仅 ios 系统），如图 3-25 所示。

（4）app 异常提示的种类、含义与处理方法（如表 3-1 所示）。

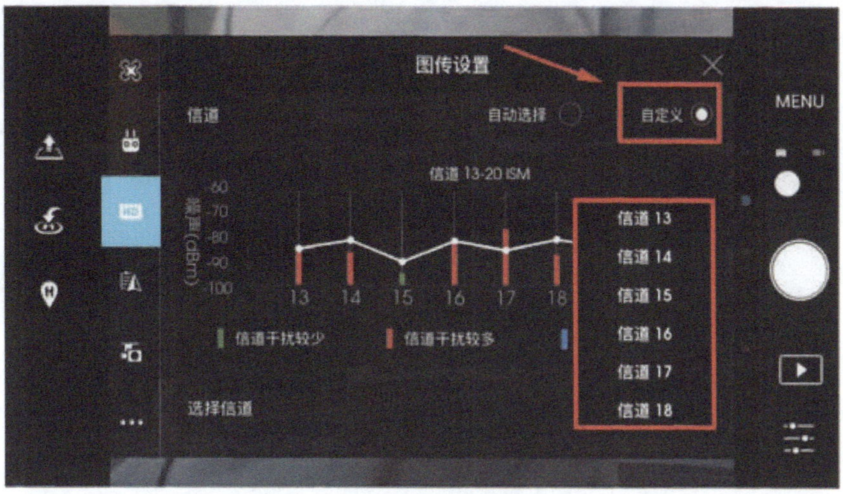

图 3－23　图传信道设置

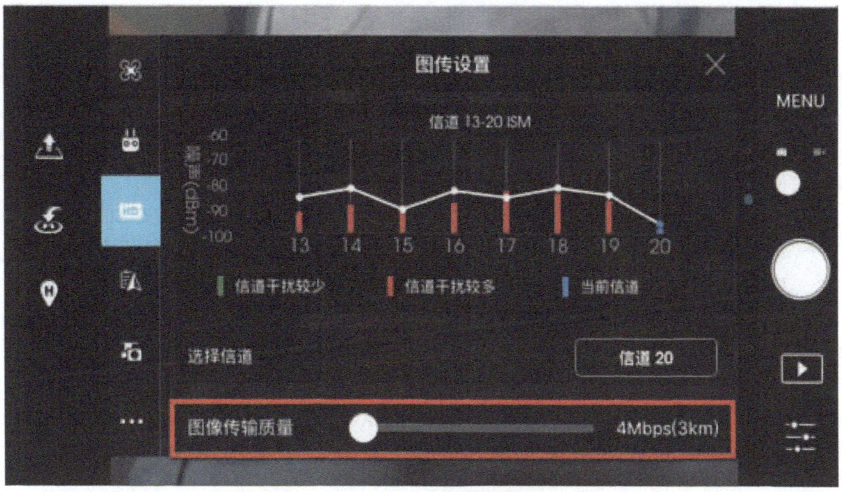

图 3－24　图传传输质量设置

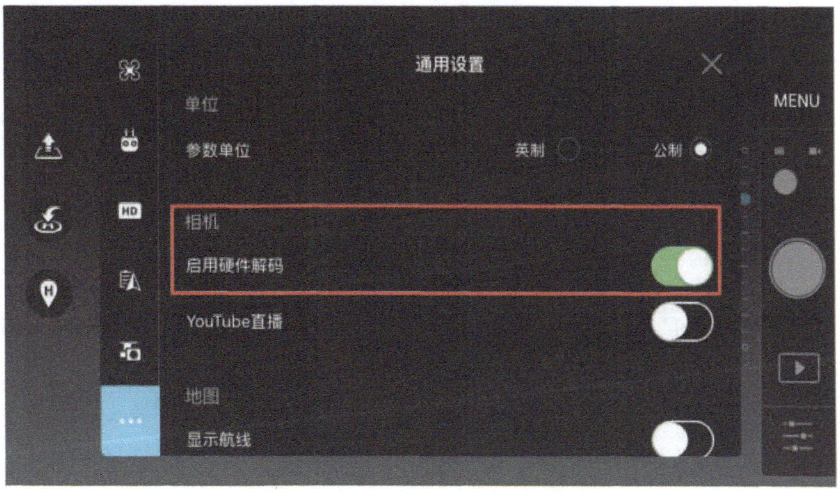

图 3－25　硬件解码设置

表 3－1　　　　　　　　异 常 提 示

故障提示	故障原因	处理方法
设备未连接	App 无法与遥控器连接	（1）检查遥控器电源是否打开，与手机连接方式是否正确、稳固； （2）重新按顺序启动飞行器
可安全飞行（无 GPS）	当前无 GPS 信号或 GPS 个数低于 8 个	（1）如飞行处于室内，则可忽视； （2）转移到开阔地带等待信号接收
系统预热中	（1）飞行器过热； （2）系统预热	（1）关闭飞行器等待飞行器冷却； （2）进行 imu 校准
IMU 预热中		
云台电机过载	云台卡扣未卸下	卸下云台卡扣
IMU 异常，请校准 IMU	IMU 数据异常	进行 imu 校准
指南针异常，请移动飞机或校准指南针	飞行器所在地有影响磁场	（1）跟换地点，远离磁场干扰源； （2）进行指南针校准； （3）提高飞行器高度，飞离干扰源
指南针受扰，退出 PGPS 模式		
无图传信号	（1）飞行器距离超出遥控范围； （2）图传错误	（1）调整天线位置，增强信号； （2）设置图传信道； （3）按照顺序重新启动飞行器
图传信号微弱，请调整天线	飞行器距离超出遥控范围	调整天线位置，增强信号
遥控电池电量低		为遥控器充电
电机堵转	外力作用或其他原因	拆桨后启动电机进行检查，如问题无解决则需要联系售后

第二节　多旋翼无人机操作实训

一、四位悬停（带半角悬停）

训练要求：能够独立完成基础飞行动作，熟悉运用油门、仰俯通道，微调副翼通道等。

1. 近/远点对尾悬停

训练要领：飞行器在指定飞行高度下保持恒定，机头向前，同时保持飞行器姿态稳定，且位置移动小于规定最大位移范围，如图 3－26 所示。

图 3－26　对尾悬停

2. 近/远点向右侧 45°悬停

训练要领：飞行器在指定飞行高度下保持恒定，机头朝前向右偏移 45°，同时保持飞行器姿态稳定，且位置移动小于规定最大位移范围，如图 3－27 所示。

图 3－27　向右侧 45°悬停

3. 近/远点对正右侧悬停

训练要领：飞行器在指定飞行高度下保持恒定，机头朝前向右偏移 90°，同时保持飞行器姿态稳定，且位置移动小于规定最大位移范围，如图 3－28 所示。

4. 近/远点向右侧 135°悬停

训练要领：飞行器在指定飞行高度下保持恒定，机头朝前向右偏移 135°，同时保持飞行器姿态稳定，且位置移动小于规定最大位移范围，如图 3－29 所示。

5. 近/远点对头悬停

训练要领：飞行器在指定飞行高度下保持恒定，机头朝前向右偏移 180°，同时保持飞行器姿

图 3-28　对正右侧悬停

图 3-29　向右侧 135°悬停

态稳定，且位置移动小于规定最大位移范围，如图 3-30 所示。

图 3-30　对头悬停

6. 近/远点向左侧 45°悬停

训练要领：飞行器在指定飞行高度下保持恒定，机头朝前向左偏移 45°，同时保持飞行器姿态稳定，且位置移动小于规定最大位移范围，如图 3-31 所示。

图 3 - 31　向左侧 45°悬停

7. 近/远点对正左侧悬停

训练要领：飞行器在指定飞行高度下保持恒定，机头朝前向左偏移 90°，同时保持飞行器姿态稳定，且位置移动小于规定最大位移范围，如图 3 - 32 所示。

图 3 - 32　对正左侧悬停

8. 近/远点向左侧 135°悬停

训练要领：飞行器在指定飞行高度下保持恒定，机头朝前向左偏移 135°，同时保持飞行器姿态稳定，且位置移动小于规定最大位移范围，如图 3 - 33 所示。

图 3 - 33　向左侧 135°悬停

训练顺序：

（1）示范操作——航前检查；

（2）示范操作——起飞、悬停操作；

（3）示范操作——切换悬停方向；

（4）示范操作——降落；

（5）单飞——GPS模式，重复以上动作；

（6）单飞—— Atti模式，重复以上动作。

二、 四位侧移

通过上方四位悬停练习之后，即可学习本章节进行进阶练习。

1. 对尾前后移动

训练要领：飞行器在指定飞行高度下保持恒定，机头向前，前后移动，且位置移动小于规定最大位移范围（4～6m）。

2. 对尾左右移动

训练要领：飞行器在指定飞行高度下保持恒定，机头向前，左右移动，且位置移动小于规定最大位移范围（4～6m）。

3. 正右向前后移动

训练要领：飞行器在指定飞行高度下保持恒定，机头朝前向右偏移90°，前后移动，且位置移动小于规定最大位移范围（4～6m）。

4. 正右向左右移动

训练要领：飞行器在指定飞行高度下保持恒定，机头朝前向右偏移90°，左右移动，且位置移动小于规定最大位移范围（4～6m）。

5. 对头前后移动

训练要领：飞行器在指定飞行高度下保持恒定，机头朝前向左偏移180°，前后移动，且位置移动小于规定最大位移范围（4～6m）。

6. 对头左右移动

训练要领：飞行器在指定飞行高度下保持恒定，机头朝前向左偏移180°，左右移动，且位置移动小于规定最大位移范围（4～6m）。

7. 正左向前后移动

训练要领：飞行器在指定飞行高度下保持恒定，机头朝前向左偏移 90°，前后移动，且位置移动小于规定最大位移范围（4～6m）。

8. 正左向左右移动

训练要领：飞行器在指定飞行高度下保持恒定，机头朝前向左偏移 90°，左右移动，且位置移动小于规定最大位移范围（4～6m）。

训练顺序：

（1）示范操作——航前检查；

（2）示范操作——起飞、悬停操作；

（3）示范操作——切换悬停方向；

（4）示范操作——各方向平移动作；

（5）示范操作——降落；

（6）单飞——GPS 模式，重复以上动作；

（7）单飞—— Atti 模式，重复以上动作。

三、 四位悬停配合侧移混合动作训练

训练顺序：

1. 左/右转矩形平移训练

航前检查——起飞——近点（四向）悬停——机头（四向），平移航线 5m——（四向）悬停——机头（四向），平移航线 5m——远点（四向）悬停——机头（四向），平移航线 5m——（四向）悬停——机头（四向），平移航线 5m——近点对尾悬停——降落

注意：此平移训练可根据薄弱项进行专项训练，可按照单一方向进行悬停/平移训练，也可进行混合方向训练。

2. 右转矩形航线训练

航前检查——起飞——近点对尾悬停——机头向前，平移航线 5m——正右向悬停——机头向右，平移航线 5m——远点对头悬停——机头向后，平移航线 5m——正左向悬停——机头向左，平移航线 5m——近点对尾悬停——降落

3. 左转矩形航线训练

航前检查——起飞——近点对尾悬停——机头向前，平移航线 5m——正左向悬停——机头向左，平移航线 5m——远点对头悬停——机头向后，平移航线 5m——正右向悬停——机头向右，平移航线 5m——近点对尾悬停——降落

训练顺序：

（1）示范操作——航前检查；

（2）示范操作——起飞、悬停操作；

（3）示范操作——按悬停方向进行练习；

（4）示范操作——降落；

（5）单飞——GPS 模式，重复以上动作；

（6）单飞—— Atti 模式，重复以上动作。

四、 双杆联动

1. 原地左 /右自旋练习

训练要领：飞行器原地进行向左/右旋转，在飞行器自旋的同时，保证飞机偏移不大于指定范围。

2. 顺 /时针转圈练习

训练要领：飞行器绕一点进行绕圈飞行，注意飞行轨迹尽量保持正圆形，飞行过程中慢慢将轨迹半径拉大。

3. 水平八字练习

训练要领：竖立两定点后，飞行器绕其做“8”字型航线飞行，注意飞行航线尽可能保持均匀，杜绝悬停调整方向后再前进等的不流畅动作。

训练顺序：

（1）示范操作——航前检查；

（2）示范操作——起飞、悬停操作；

（3）示范操作——降落；

（4）单飞——GPS 模式，重复以上动作；

（5）单飞—— Atti 模式，重复以上动作。

第三节　多旋翼无人机的维护

一、 日常维护

1. 飞行器整机

（1）保证飞机各部分整洁，变形或转接部分无可见污垢。

（2）观察外观无变形，无明显缺陷。

（3）晃动机身，仔细听机身内部有无松动零件或者螺丝在机身内部，如有则应该拆解机身或者采用倾斜机身的方法，及时将零件取出并作更详细的检查，请勿在未取出的情况下对飞行器进行通电，容易导致飞行器内部短路从而导致更大的故障。

（4）飞行后若飞行器机身沾上较多的尘土时，请用在断电后使用清水进行搽拭，切勿使用酒精、煤油等有机物进行清洗，如图 3－34 所示。

图 3－34　Inspire 1 变形蜗杆保护套

2. 动力系统

（1）检查桨叶情况以及有无裂痕、磨损等，如发现紧固件（如防脱桨扣等）发生松脱或者失效时，建议停止使用并更换桨叶，如图 3－35 所示。

（2）在不安装飞机螺旋桨的情况下启动电机，若启动之后电机出现异常响声，则可能是轴承磨损，建议更换电机以消除隐患。

（3）不安装螺旋桨的情况下启动飞机的电机，看电机转子的边缘以及轴在转动中是否同心，电机壳下方的缝隙是否均匀，观察电机壳是否变形以及是否有较大震动。若出现以上情况，则可能是电机轴变形导致，建议更换电机以消除隐患，如图 3－36 所示。

（4）检查电机下方的固定螺丝是否稳固，周围塑料零件是否出现裂缝。如果螺丝松动可以使用螺丝刀把松动的螺丝拧紧，若塑料件出现裂缝，请立即更换以防止塑料件开裂失效等情况，如图 3－37 所示。

（5）避免无刷电机长期工作在高温环境（70℃以上）。

（6）避免电机进水，保持内部干燥。

图 3－35　快拆桨

图 3－36　电机壳下方缝隙位置

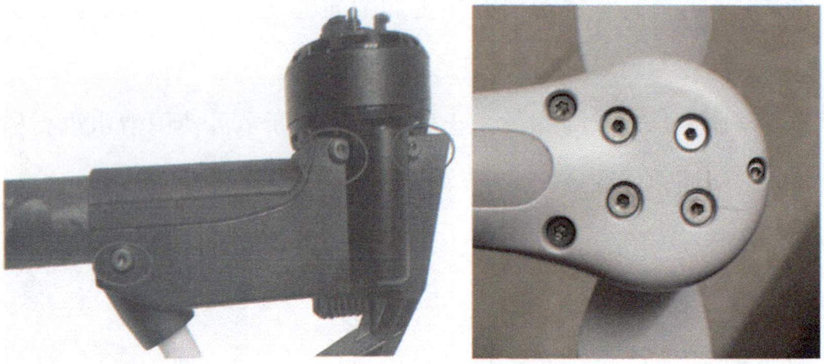

图 3－37　电机紧固螺丝

（7）定时检查电机的动平衡情况：

电机动平衡的检查方法是去掉螺旋桨驱动电机，正常的电机转动有较轻微的振动，如果电机动平衡失效，则电机振动较大，有麻手的感觉。

（8）避免电调持续过热（温度 70℃以上），有可能烧毁电调或导致故障；必须保持良好散热，避免工作在密闭环境中。

（9）保持电调干燥，避免进水。

3. 电池

（1）电池的保存环境要求必须保持干燥，潮湿环境会导致电池电路短路有可能引起自燃等危害。

（2）为保持电池活性，电池在充满电后尽快使用，切勿满电储存，满电储存会导致电池鼓包等不可逆转的损害；智能电池自带自动放电系统，建议自动放电周期为五天。

（3）若长时间存放，存放温度建议在 0～25℃，建议将电池电压保持在 3.85V 储存期间，三个月内必须充放电一次保证电池活性。

(4) 避免长时间亏电（单片电芯低于 3.7V）存放。

(5) 避免电池发生跌落，如果发生跌落，有可能造成电池内部短路而引起电池自然。

(6) 为电池充电。必须使用官方充电器，任何并充板、非官方车充都可能会对电池产生伤害而且不会得到官方保修。

(7) 请勿刚飞行完就给电池充电，应当放置一段时间再充电，直至电池降低至允许充电温度时才可充电，电池最佳充电温度是 20℃。

(8) 建议每次充电请务必充满，四颗指示灯熄灭充电完成后才可以拔下电池。

(9) 应经常检查充电接口、数据接口是否有异物并且及时清理。

(10) 飞行中尽量避免高速飞行、急停等大幅动作，30%电量时必须返航。

(11) 冬季飞行时，在地面低空悬停 1min 后待电池温度上升至 30℃左右后，才可进行其他作业。

(12) 锂电池长期使用大 C 数充电，相较于长期使用低 C 数充电的锂电池，寿命会更低。

(13) 电池因其他因素导致电池鼓包后请停止使用。

4. 飞控系统

(1) 检查飞行器 GPS 位置附近有无遮挡物。

(2) 飞行器切勿在强电、强磁等具有强干扰性的复杂环境下进行起飞等操作。

1) 遥控。

a. 保持遥控器表面清洁，摇杆位置请注意防尘，切勿进水。

b. 若遥控开机后，状态显示灯红色频闪，且同时发出“滴、滴、滴”声响时，证明遥控摇杆需要进行校正。

c. 遥控天线在使用过程中交叉相叠时会减弱图传信号，故在飞行时，请并排天线，以增强遥控器信号。

d. 手机连接遥控器后显示设备未连接时，请确认移动设备是否在兼容性列表内，以及是否已经打开 USB 调试模式（三星手机是 mtp 模式），ios 系统则勾选信任此电脑即可。

2) 图传及云台。

a. 日常维护时请注意脚架部分的天线没有被折断或损伤，如有请联系大疆售后购买全新天线进行跟换。

b. 云台在长时间飞行过后，会在表面产生积尘，X5 必须配备 UV 镜，不仅仅是保护镜头，主要是防尘。每次起飞前都要检查一下，用气吹吹一下。

c. 每完成一次任务后，要对云台和镜头进行清理。先用毛刷进行全面清理，特别是遮光罩内外侧、镜头保护套（DJI MFT 15mm f/1.7 ASPH），再用除尘布细心擦拭。

二、飞行器故障分析

飞行器故障分析如表 3－2 所示。

表 3－2　　飞行器故障分析

飞控部分		
现象	**原因**	**解决方法**
飞机预热时间过长	飞行器 IMU 校准	(1) 冷却飞机； (2) IMU 重新校准（旁边最好有水平仪）； (3) 飞机平放开启
飞机返航位置偏差过大	返航点的记录未刷新： 1）第一次上电起飞，如果 GPS 质量好（APP 显示 4 格以上），会自动刷新，或者等待起飞后质量好的时候刷新。 2）如果飞机没有断电，只是停转电机，然后到另外一个地方，再次起飞，如果起飞的时候 GPS 质量不够好，就不会重刷，会保存之前记的 H 点；就算之后 GPS 信号又变好了，也不会刷新 H 点了（因为不是本次上电的第一次起飞了）	在 GPS 信号良好的空域内，打开 APP 的飞控参数设置内手动刷新返航点
飞机升级失败		重新插拔数据线，重启升级软件，重启飞机尝试，如果飞机升级失败后红灯常亮，请联系大疆售后
升级出现 99%或者 92%后停顿时间过长		断电进行重新升级，若升级三次故障依然存在，请联系大疆售后
在 WIN7 系统下安装后无法连接 Phantom 4，显示驱动安装失败	WIN7 操作系统缺失 usbser.sys 文件	下载此文件并将其放置在 C：\ WINDOWS \ system32 \ drivers 路径下，然后重新安装驱动
升级之后出现遥控信号丢失	新固件版本必须是飞机端 301 与遥控器端 1.6.0 搭配使用，如果先升级遥控器再升级飞机，或者单独先升级飞机，那么就会出现遥控信号丢失的提示	升级飞机固件即可解决
云台部分		
云台不平	磁罗盘或 IMU 需要重新校正	在 APP 内进行磁罗盘校准和 IMU 校准（请在平台上进行）

续表

现象	原因	解决方法
	图传部分	
显示无图传信号	APP与遥控器之间通信问题	(1) 拔插USB线（更换设备原装USB线）。 (2) 重新启动APP
图传无信号且只有飞机OSD和相机OSD实时更新	相机主板损坏或相机与编码器故障	建议返厂维修
显示设备未连接（遥控状态灯为红色）	遥控器未对频	请尝试对频
显示设备未连接（遥控状态灯为红色）	(1) 遥控器与移动设备连接问题。 (2) 遥控器USB小板损坏	(1) 尝试重新拔插USB线（更换原装USB线）。 (2) 遥控器需要返厂维修
图传延迟、卡顿、刷屏	(1) 设备过热。 (2) 信道干扰	(1) 关闭后台程序、开启硬件解码、更换/冷却移动设备。 (2) 由于信道的时变性，尽量使用自动模式
短图传距离	(1) 遥控天线信号被遮挡。 (2) 环境干扰。 (3) 天空端设备问题	(1) 时刻调整天线位置，请勿折叠。 (2) 使用自动模式。 (3) 返厂维修
视频雪花、竖条纹、白噪点、光晕状及粉红色条纹	相机或镜头问题	返厂维修
	电池部分	
电池无法充电	(1) 充电电流过大（LED2双闪/s）。 (2) 充电短路（LED2三闪/s）。 (3) 电池过冲导致电池电压过高（LED3双闪/s）。 (4) 充电器电压过高（LED3三闪/s）。 (5) 充电温度过低（LED4双闪/s）。 (6) 充电温度过高（LED4三闪/s）	(1)～(4) 请更换大疆官方充电器进行充电。 (5) 加热电池到合适温度后再进行充电。 (6) 待电池降温至室温后再进行充电

三、部件的简单维修

由于无人机内部复杂结构，如遇以上列表外情况的故障情况，建议联系大疆售后服务人员，交由大疆售后有经验的维修人员进行维修，自行拆机会导致飞行器保修失效。

本章节仅介绍部分机型的简单维修，其余未列故障情况请联系大疆售后进行了解。

电机的更换如下：

(1) 拆除机身下部螺丝。

（2）打开下盖，但同时请注意不要过于用力扯断下盖板连线，如图 3 - 38 所示。

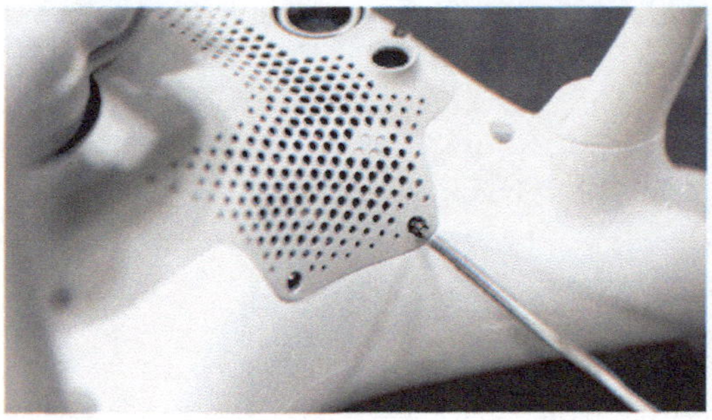 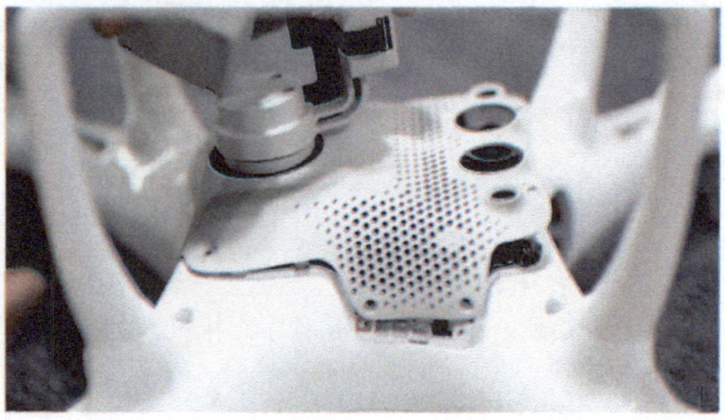

图 3 - 38　拆除机身下部螺丝

（3）扭开接线保护盖板螺丝，拆除排线，如图 3 - 39 所示。

图 3 - 39　拆除排线

（4）拆除机身其余外壳螺丝，拆开桨保护器锁扣，如图 3 - 40 所示。

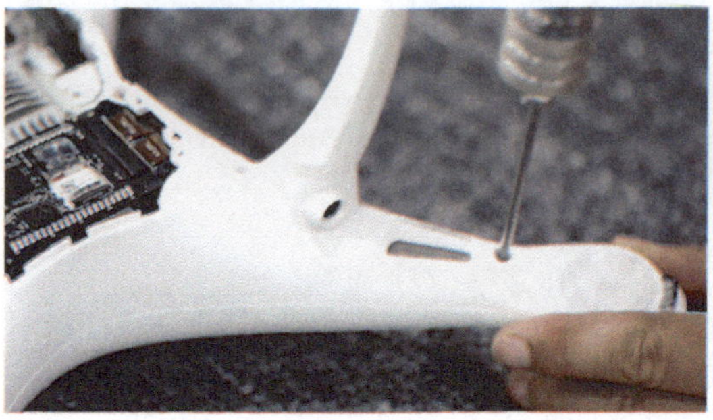 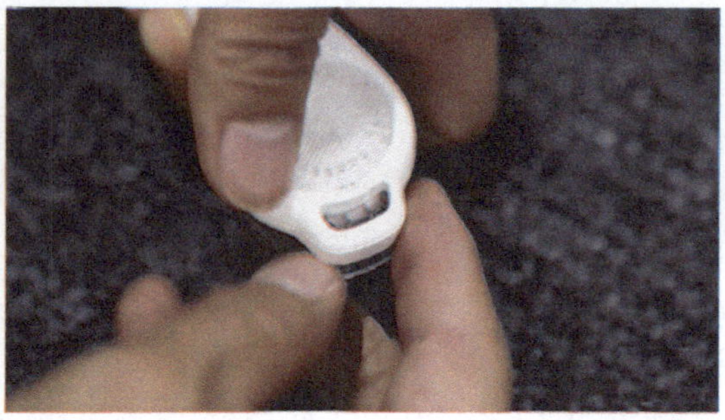

图 3 - 40　拆开桨保护器锁扣

（5）使用工具撬开航向灯罩，取出白色贴纸，如图 3 - 41 所示。

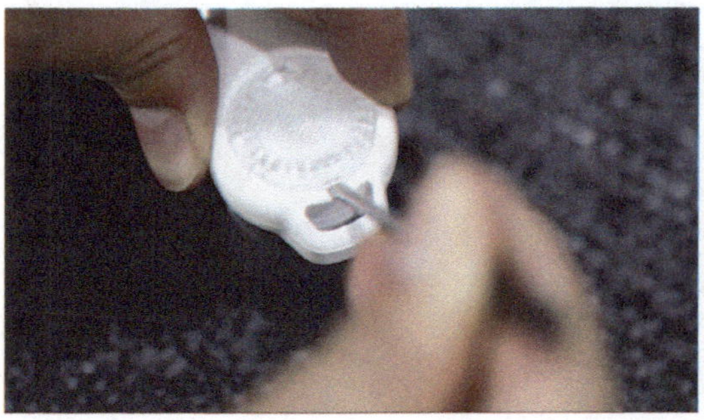 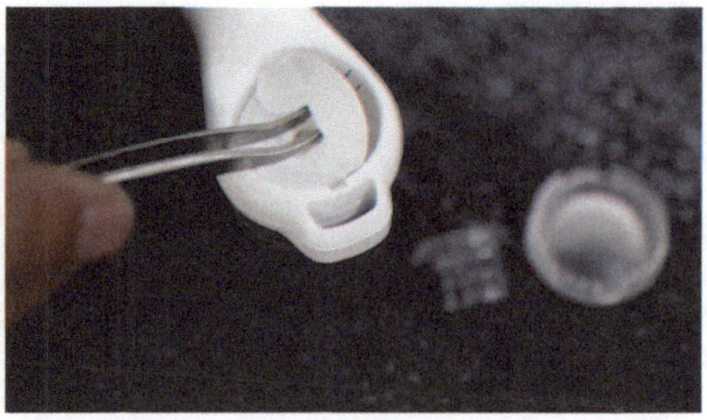

图 3 - 41　取出白色贴纸

(6) 扭开电机固定螺丝，稍用力即可拆除电机，如图 3-42 所示。

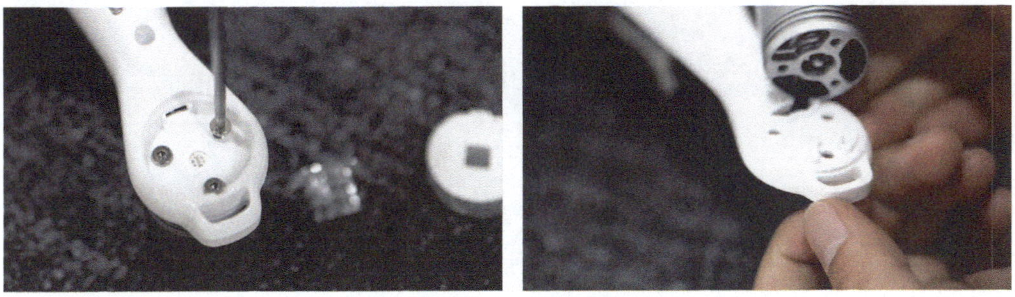

图 3-42　拆除电机

(7) 扭开外壳与内核连接螺丝，拆除天线连接口，如图 3-43 所示。

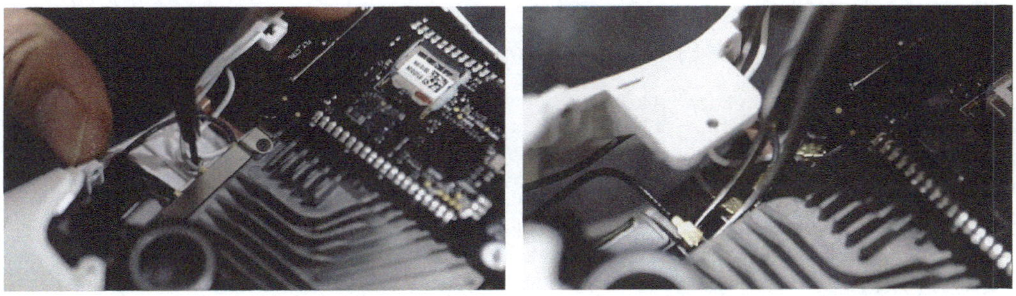

图 3-43　拆除天线连接口

(8) 解除上下盖天线、图传线连接，根据电机接线接口即可更换电机，如图 3-44 所示。

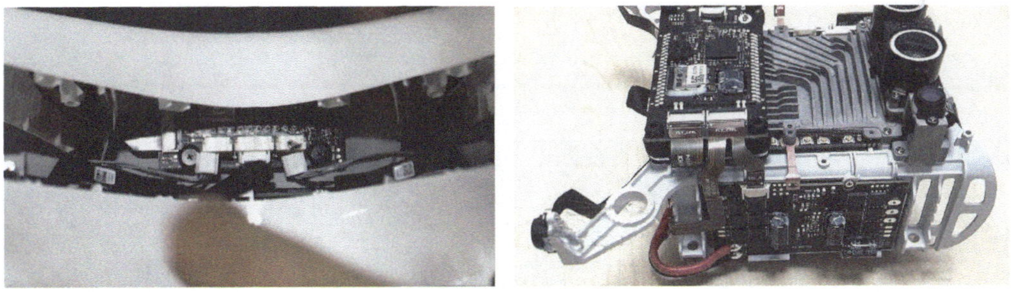

图 3-44　更换电机

第四节　多旋翼无人机飞行注意事项

一、影响多旋翼无人机飞行的信号因素

在飞控章节提到过，多旋翼飞行器在进行飞行控制时是需要依靠外部的地球磁场信号以及全球定位系统来进行导航。另外，多旋翼飞行器的遥控控制、图传信号的回传这些信号也都需要通过链路系统来进行传输。本章节，主要对各种影响飞行安全的信号因素进行逐项分析，使得学员

能够明确各种因素对飞行安全的影响，做到安全飞行。

1. 影响磁罗盘信号的因素

多旋翼飞行器与周围的电磁环境是交互作用的，随着电子设备应用密集，无线通信应用领域不断扩大，地球的电磁环境越来越复杂，多旋翼飞行器受到的干扰逐渐增多。

多旋翼飞行器的磁罗盘（也称指南针）是个磁敏电阻，由特殊半导体制成，其作用是对陀螺仪进行修正。飞控 IMU 里有三轴陀螺仪，通过陀螺仪的积分可以得到角度，但陀螺仪有一特性，随着通电时间的增加，漂移也会增加，于是磁罗盘便通过其对磁场变化和惯性力敏感的特性，对陀螺仪的偏差进行修正。由于磁罗盘所检测的是地球磁场信号，而地球磁场信号强度较为微弱，所以磁罗盘是多旋翼飞行器最容易受到干扰的电子元件之一。如果磁罗盘受到干扰，就会给飞控提供错误的数据，当这个数据与飞控计算出的方向角偏离超过一定级别，就会造成导航算法补偿过量，造成飞机突然自己向一个方向飞去。

磁罗盘信号干扰最大因素就是飞行环境地面或建筑含有铁磁性物质，其本身带有磁场信号，并且其强度远大于地球磁场信号，最终导致飞行器的磁罗盘受到干扰而数据错误。下面，就可能出现的因素进行分析。

（1）避免在具有较强磁性的区域进行飞行。尽量避免在如大块金属之上、起飞点有大量铁质栅栏、磁铁矿脉之上、停车场中、桥洞之中、带有地下钢筋的建筑区域进行飞行，这些区域本身含有大量铁磁性物质，如飞行器与其距离过近，其自身附带的磁场信号将对飞行器的磁罗盘产生干扰，如图 3－45 所示。

图 3－45　应避免在大块金属正上方进行飞行

（2）飞行器闲置时间较长或位置变化较大应重新校准磁罗盘。多旋翼飞行器闲置时间过长时，其内部磁罗盘信号有可能产生漂移，所以在较长时间闲置以后重新飞行应重新校准磁罗盘。而各个地区的地球磁场信号并不完全相同，所以在位置变化较大时应重新校准磁罗盘。例如飞行器最后一次飞行是在深圳，但是第二天要到兰州进行飞行，在兰州的飞行之前应重新校准磁罗盘。

(3) 磁罗盘校准的注意事项。手机、钥匙等物本身属于铁磁性物质，所以在做磁罗盘校准时不应携带这类物品，如图 3-46 所示。

图 3-46　磁罗盘校准时应避免携带手机及钥匙

(4) 室内进行校准与室外校准的差别。地球磁场信号在室内部分实际上受建筑的影响是有别于实际的地磁信号，所以飞行器如果在室内校准了磁罗盘，在室外进行飞行时应重新进行校准。

2. 影响 GPS 信号的因素

GPS 信号是多旋翼飞行器进行定位悬停、航线飞行的基础，多旋翼飞行器如果 GPS 信号不佳将无法实现很多自动功能乃至不能实现定位悬停。GPS 信号其原理乃是 GPS 接收机接收多颗卫星发射的 GPS 信号并进行计算，在一定范围内，接收到的卫星数量越多其导航的精度也越高。如果是飞行区域建筑众多或者地形凹陷，会影响 GPS 信号的接收，导致能够接收的卫星数量过少。

在高层建筑群当中，多旋翼飞行器的 GPS 信号大部被遮挡，其只能接收到飞行器正上方的少量卫星信号，如图 3-47 所示。而当飞行器处在峡谷或者类似地形时，卫星信号也同样的有部分被遮挡，导致卫星数量不足，如图 3-48 所示。只有当飞行器处在没有高大建筑或地形的平地时其信号才是最佳，如图 3-49 所示。

3. 影响遥控控制信号的因素

地面人员对多旋翼飞行器的控制来源于控制信号通信链路，一旦通信链路中断或者飞行器超出了遥控距离，那多旋翼飞行器将进入失控状态，人员对于飞行器也就失去了控制。这一节，对遥控控制信号进行分析，确定哪些因素会影响控制信号通信链路。

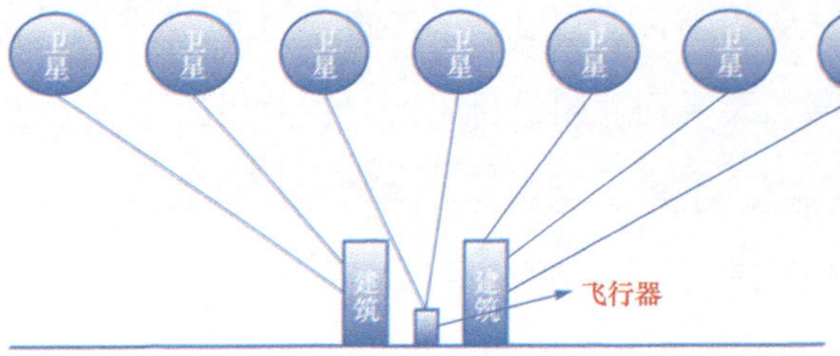

图 3－47　卫星信号被建筑遮挡实际只能接收两颗星

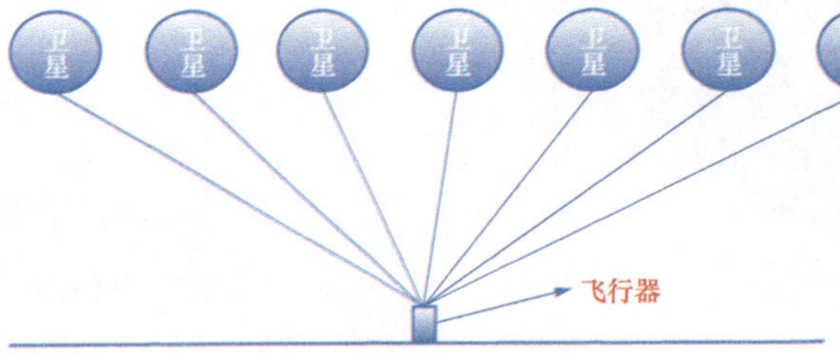

图 3－48　卫星信号被地形所遮挡多颗卫星信号全部接收

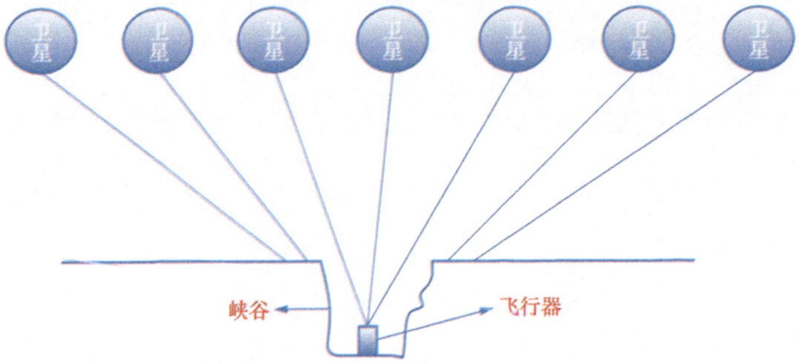

图 3－49　在平坦地面卫星接收效果较好只能接收部分卫星信号

（1）飞行器与遥控器距离。任何遥控控制设备都有其有效控制距离，如果飞行器已经超出遥控设备的有效距离，就接收不到来自于遥控设备的控制信号，这种情况被称之为失控，飞行器一旦失控将根据之前设定或者原地悬停或者返回起飞点或者原地降落。所以在实际飞行当中，应明确所操纵的飞行器其有效控制距离，并将飞行距离控制在范围内，例如 M600 的遥控有效距离为 5km，如图 3－50 所示。

（2）遮挡物。遮挡物是指在操纵者与飞行器之间存在着明显的遮挡物，遮挡物对飞行的影响主要有两个，一是会遮挡视线无法看清飞行器的状态及姿态，二是会影响无线控制信号的传输。所以在使用当中，应避免将多旋翼飞行器飞行到楼宇、树木等障碍物后面，如图 3－51 所示。

（3）同频信号的干扰。多旋翼飞行器的图像传输以及遥控控制，主要是通过无线信道进行的。若其正在使用的频段受到其他信号例如 Wifi、发射塔、电台等信号干扰，将导致其传输效果变差甚至是中断，从而影响操作者的判断，严重影响飞行安全，如图 3－52 所示。

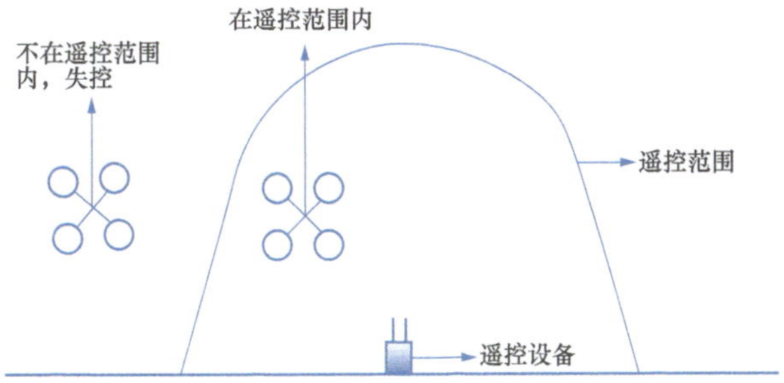

图 3－50　超出遥控范围飞行器将失控

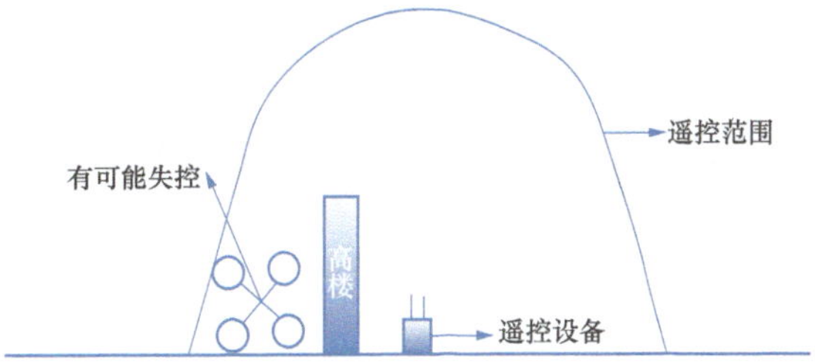

图 3－51　飞行器与遥控器之间存在遮挡物有可能导致失控

图 3－52　尽量避免在变电站与信号发射塔等强电磁信号区域飞行

对于电磁环境的干扰，一定要避免在高压线，通信基站或发射塔等区域飞行，以免遥控器信号受到干扰。另外，要注意遥控器天线的摆放，操作者要注意盲区的存在性。

二、影响多旋翼无人机飞行的地面因素

地面因素，是指在进行多旋翼飞行过程中所接触到所有地面以及低空的建筑、地形、树木、高压塔以及其他等的总和。这些地面因素会对多旋翼飞行器的飞行造成多方面的影响。

1. 地面建筑与树木

现代城市，高楼拔地而起，数量日益增多，而且大多使用钢筋混凝土结构。多旋翼飞行器处于复杂的城市中飞行，值得特别注意的一点便是周围建筑群的高度。大量使用钢筋的建筑物会影响多旋翼飞行器指南针的工作状态，造成干扰，而且由于 GPS 信号的受遮挡，飞行器的定位效果将变差，更甚于无法定位，飞行器自动切换至无 GPS 模式状态。另外，要特别注意设置返航高

度，若返航高度低于周围建筑的最高高度，在飞行器返航过程中将有可能撞到建筑物，从而影响飞行安全，如图 3－53 所示。

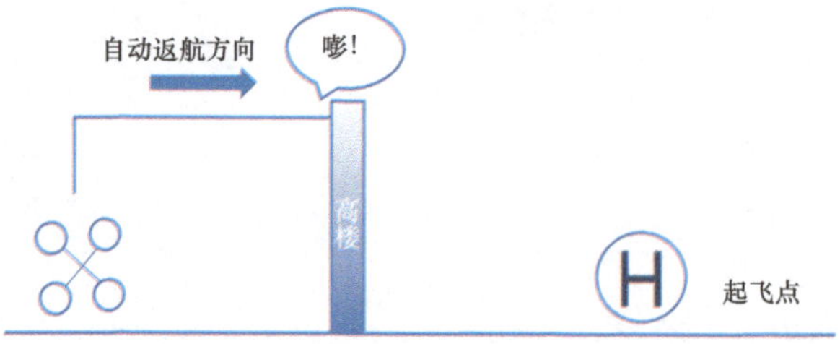

图 3－53　设置返航高度时应高于路径上的建筑物及树木

2. 电线塔斜拉索以及电线

斜拉索以及电线是无人机巡检作业最需要注意的因素之一，因为目标较小往往容易被人所忽视。对于这些因素最佳的解决办法就是在作业之前对作业区域进行完整的检查，做到对地形、障碍物心中有数，如图 3－54 所示。

图 3－54　田间地头往往会有电线杆以及电线

3. 视觉差

视觉差是在无人飞行器飞行当中最容易出现的问题，它的表现是操作人员对于较远距离的障碍物的实际距离以及飞行器与障碍物距离往往判断错误。视觉差会导致飞行器与障碍物发生撞击从而造成飞行器的损坏。在电力巡检作业中视觉差往往出现的情况是人员对于前方的树木以及其他障碍物距离判断错误，从而导致飞行器与线网发生撞击，造成短路等严重事故，如图 3－55 所示。

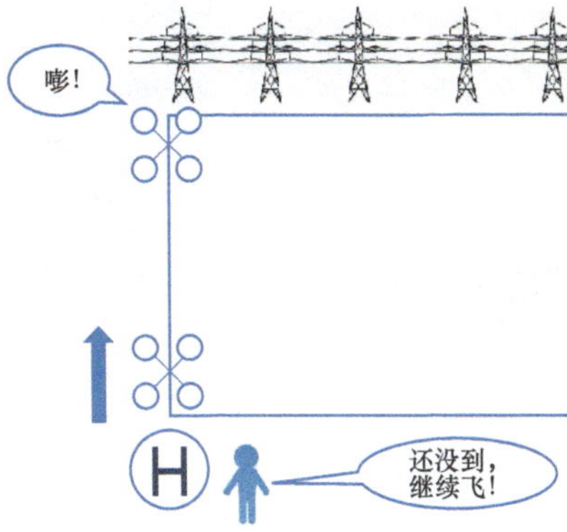

图 3－55　在较远距离容易因视觉差而造成判断错误

三、 多旋翼无人机的合法使用与安全飞行

1. 通用航空的概念

（1）国际定义。国际上一般把航空业按照用途分类：军用航空和民用航空。

民用航空又分两部分：一部分是为公众服务的航班飞行，称运输航空；另一部分是除上述航班飞行之外的所有民用飞行活动，统称通用航空，如图 3－56 所示。

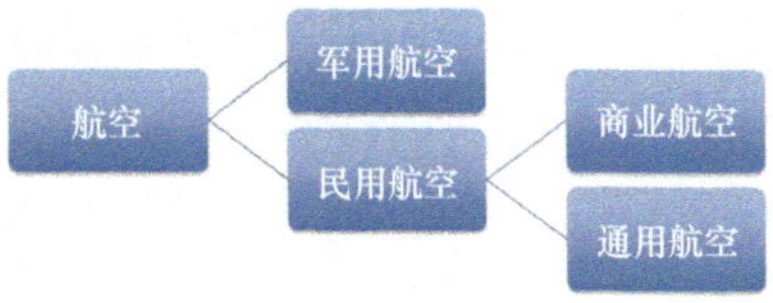

图 3－56　通用航空的归属范围

（2）国内定义。《中华人民共和民用航空法》解释如下：通用航空是指使用民用航空其从事公共航空运输以外的民用航空活动，包括从事工业、农业、林业、渔业和建筑业的作业飞行以及相关方面的飞行活动。

多旋翼无人飞行器从事的业务范畴正是属于通用航空的业务范畴。

2. 无序飞行造成的影响

近几年，随着多旋翼无人机行业快速发展，使用多旋翼无人机的人数迅速增加，因为使用者违规使用或者缺乏安全观念而导致的安全事故经常发生。无序飞行不仅对人生安全也对社会秩序造成了影响。

（1）危害航空安全。无人飞行器擅自穿越军民航正常飞行航路航线和空域极易造成危险接近或者空中相撞。从 2013 年查证处置的违规飞行情况来看，每次无序飞行事件影响民航航班平均达 17 架次，如图 3－57 所示。

（2）危害安防安全。遥控航模飞行器的理论拔高和目视操作一般小于 1000m，而警用直升机的飞行航线有时只有 400m 高度，一些城市管理需要，做低空航线飞行甚至还在这个高度之下。这样两者之间存在空中交汇冲突点，一旦发生意外，后果不堪设想，如图 3－58 所示。

（a）　（b）

图 3－57　黑飞影响飞行安全

图 3－58　低空开放但必须按照要求进行飞行

（3）危害公共安全。微型无人机会出现操作不当或者电子机械传动、无线电信号传输故障，以及飞行前检查不细出现的意外事故。它不像遥控汽车或遥控船模，出现故障后可以靠边停泊，遥控飞行器一旦出现空中故障，面临的就是坠毁，在人口密集地区出现此类问题，极有可能导致人伤物损，如图 3－59 所示。

图 3－59　飞行必须符合限定高度

3. 无序飞行的具体案例

（1）北京地区的无序飞行案例。2013 年 12 月 29 日，北京某航空科技有限公司在首都机场附近擅自组织无人机航拍飞行，扰乱空中飞行秩序，严重影响首都地区空防安全，造成多起民航航班延误，北京警方对 4 名涉案人员以危险方法危害公共安全罪予以逮捕。

为处置此次事件，北京军区空军组织各级指挥机构和部队共 1226 人参与处置，两架歼击机待命升空，两架直升机升空，雷达开机 26 部，动用车辆 123 台。

所以，在实际飞行中，应远离政府中心区域，在大疆创新所设定的禁飞区内，北京市区大部分都属于禁飞区，无人机产品在禁飞区内无法正常飞行，如图 3－60 所示。

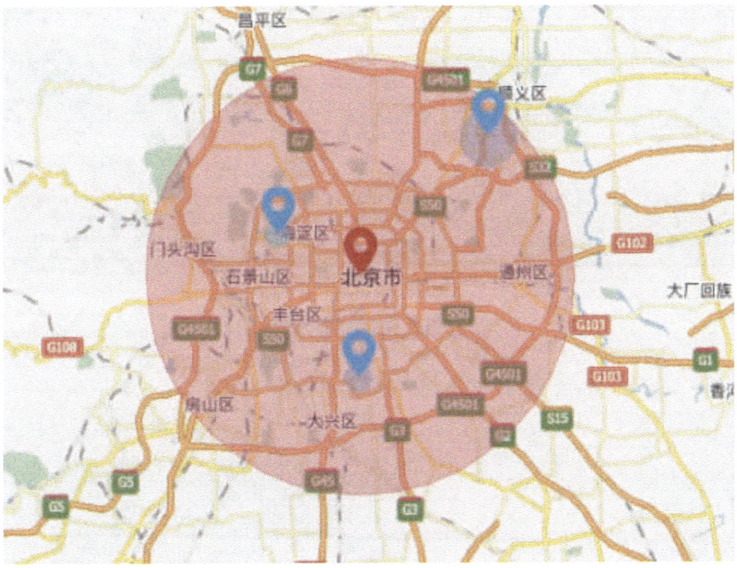

图 3－60 红色圆圈内都属于禁飞区

（2）美国白宫的无序飞行案例。2015 年 1 月 26 日，一位美国联邦政府雇员于凌晨时分在白宫附近试飞一架小型无人机，无人机在试飞过程中失控，以极低飞行高度越过白宫围栏并最终坠毁在白宫东南角草坪上。

5 月 14 日，工作人员发现一名男子在与白宫北侧草坪仅一街之隔的拉法叶公园操控无人机飞行，这名男子被马上逮捕，但出于安全考虑，白宫仍一度被封锁。

（3）英国希斯罗机场的无序飞行案例。2016 年 4 月 8 日，英国航空公司 727 号航班在降落时与无人机发生相撞，所幸并未造成机体严重损坏，飞机顺利降落。飞机空中与飞鸟或无人机相撞有一定几率造成发动机吸入异物并停止运转，严重威胁客机的飞行安全。根据英国法律的规定，在机场周围使用无人机将面临最高 5 年的监禁，如图 3－61 所示。

所以，在机场周边不应进行无人机的飞行，如强行起飞将严重影响民航客机的飞行安全。所以，大疆创新将机场周边设立为禁飞区，无人机在机场周边无法正常飞行，如图 3－62 所示。

（4）台北 101 大厦无序飞行案例。2015 年 10 月 27 日，一台中游客在台湾高楼 101 大厦附近进行飞行，因受到强风影响导致飞行器撞上 101 大厦，所幸未造成人员伤亡，根据台湾当地法律，将罚款 30 万～150 万新台币。

2015 年 7 月 22 日，一名大陆游客拍摄 101 大厦时，飞行器发生坠毁，所幸未造成人员伤亡。

飞行应控制在合理高度，并远离高楼大厦，因为飞行器靠近高楼不仅有可能导致视线受限，

图 3－61　与无人机相撞的英国航空空客 A320 飞机

还有可能导致遥控信号受到遮挡，会严重影响飞行安全，如图 3－63 所示。

图 3－62　在机场周边也都属于禁飞区

图 3－63　屡次发生坠机事件的台湾 101 大楼

4. 通用航空飞行任务审批与管理规定

中国民用航空局于 2013 年发布《飞行任务审批与管理规定》，规定明确，对涉外、涉军事、涉国家、涉安全等 9 种情况以外的低空空域通用航空飞行任务，不需要办理任务申请和审批手续，但仍然在飞行实施前按照相关飞行管理规定提出飞行计划申请并报告任务性质。

管理规定的正确解读包括：

（1）要正确区分“飞行任务”与“飞行计划”的概念。

（2）除 9 种情况外，不需要办理申请和审批手续的是通用航空的“飞行任务”，而非“飞行计划”。

（3）根据《飞行任务审批与管理规定》的第五条，在通用航空飞行实施前，仍须按照国家飞行管制规定提出飞行计划申请。

5. 正确申报合法飞行

（1）空域的定义及属性。地球表面以上可供航空器飞行的空气空间被称作空域，同国家的领土、领海一样，是国家经济社会发展的重要战略资源。

（2）中国空域管制体制，如图 3－64 所示。

6. 如何申报空域

《通用航空飞行管制条例》是根据《中华人民共和国民用航空法》和《中华人民共和国飞行基本规则》制定的。由中央军委和国务院于 2003 年联合发布，其中：

（1）第六条。从事通用航空飞行活动的单位、个人使用机场飞行空域、航路、航线，应当按照国家有关规定向飞行管制部门提出申请，经批准后方可实施。

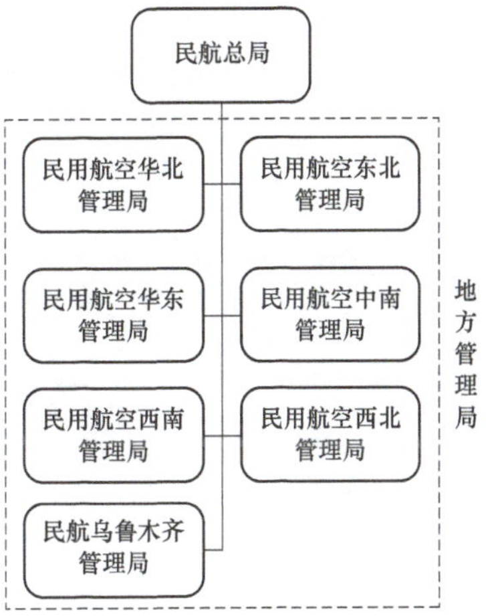

图 3－64　地方管理局

（2）第七条。从事通用航空飞行活动的单位、个人，根据飞行活动要求，需要划设临时飞行空域的，应当向有关飞行管制部门提出划设临时飞行空域的申请。

划设临时飞行空域的申请应当包括下列内容：

1）临时飞行空域的水平范围、高度；

2）飞入和飞出临时飞行空域的方法；

3）使用临时飞行空域的时间；

4）飞行活动性质；

5）其他有关事项。

7. 飞行计划审批报备

（1）依托军用和民用运输机场的，由所在机场空管部门受理飞行计划。

（2）不依托机场的，由所在地区飞行管制分区主管部门直接受理或指定相关机场空管部门受理飞行计划，如图 3－65 所示。

8.《民用无人机驾驶员管理规定》中国民航局飞行标准司 2016 年 7 月 13 日发布

适用无人机分类，如表 3－3 所示。

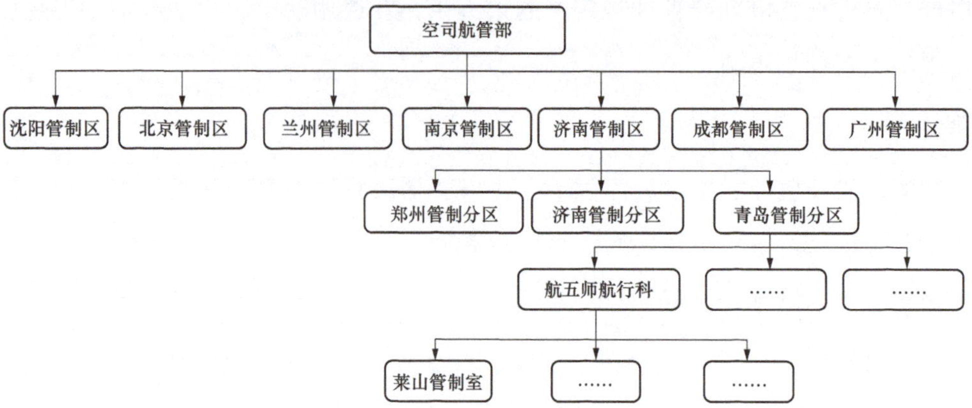

图 3－65　空司航管部

表 3－3　无人机分类

分类	空机重量（kg）	起飞全重（kg）
Ⅰ	0＜W≤1.5	
Ⅱ	1.5＜W≤4	1.5＜W≤7
Ⅲ	4＜W≤15	7＜W≤25
Ⅳ	15＜W≤116	25＜W≤150
Ⅴ	植保类无人机	
Ⅵ	无人飞艇	
Ⅶ	超视距运行的Ⅰ、Ⅱ类无人机	
Ⅷ	116＜W≤5700	150＜W≤5700
Ⅸ	W＞5700	

注　1. 实际运行中，Ⅰ、Ⅱ、Ⅲ、Ⅳ、Ⅺ类分类有交叉时，按照较高要求的一类分类。
2. 对于串、并列运行或者编队运行的无人机，按照总重量分类。
3. 地方政府（例如当地公安部门）对于Ⅰ、Ⅱ类无人机重量界限低于本表规定的，以地方政府的具体要求为准。

本规定使用的术语定义：

（1）无人机（UA：Unmanned Aircraft），是由控制站管理（包括远程操纵或自主飞行）的航空器，也称远程驾驶航空器（RPA：Remotely Piloted Aircraft）。

（2）无人机系统（UAS：Unmanned Aircraft System），也称远程驾驶航空器系统（RPAS：Remotely Piloted Aircraft Systems），是指由无人机、相关的控制站、所需的指令与控制数据链路以及批准的型号设计规定的任何其他部件组成的系统。

（3）无人机系统驾驶员，是指由运营人指派对无人机的运行负有必不可少职责并在飞行期间适时操纵无人机的人。

（4）无人机系统的机长，是指在系统运行时间内负责整个无人机系统运行和安全的驾驶员。

（5）无人机观测员，是指由运营人指定的训练有素的人员，通过目视观测无人机，协助无人机驾驶员安全实施飞行，通常由运营人管理，无证照要求。

（6）运营人，是指从事或拟从事航空器运营的个人、组织或企业。

（7）控制站（也称遥控站、地面站），是指无人机系统的组成部分，包括用于操纵无人机的设备。

（8）指令与控制数据链路（C2：Commandand Control datalink），是指无人机和控制站之间为飞行管理之目的的数据链接。

（9）感知与避让，是指看见、察觉或发现交通冲突或其他危险并采取适当行动的能力。

（10）无人机感知与避让系统，是指无人机机载安装的一种设备，用以确保无人机与其他航空器保持一定的安全飞行间隔，相当于载人航空器的防撞系统。在融合空域中运行的Ⅺ、Ⅻ类无人机应安装此种系统。

（11）视距内（VLOS：Visual Line of Sight）运行，是指无人机在驾驶员或观测员与无人机保持直接目视视觉接触的范围内运行，且该范围为目视视距内半径不大于500m，人、机相对高度不大于120m。

（12）超视距（BVLOS：Beyond VLOS）运行，是指无人机在目视视距以外的运行。

（13）扩展视距（EVLOS：Extended VLOS）运行，是指无人机在目视视距以外运行，但驾驶员或者观测员借助视觉延展装置操作无人机，属于超视距运行的一种。

（14）融合空域，是指有其他有人驾驶航空器同时运行的空域。

（15）隔离空域，是指专门分配给无人机系统运行的空域，通过限制其他航空器的进入以规避碰撞风险。

（16）人口稠密区，是指城镇、乡村、繁忙道路或大型露天集会场所等区域。

（17）空机重量，是指不包含载荷和燃料的无人机重量，该重量包含燃料容器和电池等固体装置。

（18）无人机云系统（简称无人机云），是指轻小民用无人机运行动态数据库系统，用于向无人机用户提供航行服务、气象服务等，对民用无人机运行数据（包括运营信息、位置、高度和速度等）进行实时监测。接入系统的无人机应即时上传飞行数据，无人机云系统对侵入电子围栏的无人机具有报警功能。

无人机系统分类较多，所适用空域远比有人驾驶航空器广阔，因此有必要对无人机系统驾驶员实施分类管理。

下列情况下，无人机系统驾驶员自行负责，无须证照管理：

A. 在室内运行的无人机；

B. Ⅰ、Ⅱ类无人机（如运行需要，驾驶员可在无人机云系统进行备案。备案内容应包括驾驶员真实身份信息、所使用的无人机型号，并通过在线法规测试）；

C. 在人烟稀少、空旷的非人口稠密区进行试验的无人机。

9. 飞行安全

随着无人飞行器的行业兴起，无人机产品也发展日益丰富，越来越多的人拥有无人机，入门门槛降低，但没有必要的培训和对飞行法律意识的淡薄，随之而来的就是飞行事故的发生，炸机，是遥控飞行器坠毁的行话，而且是每个玩家都不想遇到的事情，因为炸机带来的金钱、时间损失难以估计，也相当麻烦，更有可能牵涉到第三者损失（伤了物件或者伤了人）。此时飞行安全就显得十分重要了，对于飞行安全等相关情况及应急处理的相关信息，但在实际飞行时，临场操控及应变能力将非常关键。

作为飞手，须确保安全飞行，并严格遵守相关法律规定。

（1）起飞前请确保飞行器状况良好。

（2）确保智能飞行电池、遥控器及移动设备电量充足。

（3）检查机身及螺旋桨是否刮伤或损坏。

（4）前往新地点飞行时，在需要时进行指南针校准、确保在GPS信号充足的情况下飞行、保证飞行器准确记录返航点，以便在必要时自动返航。

（5）避免在雨雪及大风天气飞行。

（6）在低温环境飞行前，请预热飞行器及电池。

（7）确保在远离人群、建筑物及车辆的空旷开阔场地飞行。

（8）请远离飞行受限区域如（体育场馆、发电站及政府机关）。

（9）请勿超过飞行限定高度（500m），以免对载人飞机的飞行造成影响。

（10）避免在机场附近飞行、在飞机飞行航线下飞行切勿超高飞行。

（11）务必将飞行器保持在视距范围之内，避免在建筑物后方、看不到障碍物及其他飞行器的地方飞行。

（12）在新地点飞行时，请提前熟悉飞行环境，并根据实际情况灵活操控。

第四章

电力巡检安全规定

学习目标

电力巡检是无人机的一项重要应用，使用无人机进行电力巡检时，需要遵守许多安全规定，如运行管理规定、空中交通管理办法等，本章内容将重点讲述关于电力巡检的各种规定，以及空域申请的具体流程，并且对电力与无人机相关安全规程进行简单讲解。

第一节　无人机法规及空域申报

一、 运行管理规定

近年来，民用无人机的生产和应用在国内外蓬勃发展，特别是低空、慢速、微轻小型无人机数量快速增加，占到民用无人机的绝大多数。为了规范此类民用无人机的运行日前，民航局出台《轻小无人机运行规定（试行）》（简称《运行规定》），这是继《轻小型民用无人机系统运行暂行规定》征求意见稿之后的正式规定，在此前的意见稿基础上稍作变动。该规定以大数据和“互联网+”为依托，对低、慢、小无人机运行实施放管结合的细化分类管理，以进一步维护轻小型无人机的飞行秩序，确保运行安全。

1. 适用范围及分类

根据《运行规定》，以下飞行设备将纳入民航监管范围：

（1）可在视距内或视距外操作的、空机重量小于等于 116 kg、起飞全重不大于 150kg 的无人机，校正空速不超过 100km/h；

（2）起飞全重不超过 5700kg，距受药面高度不超过 15m 的植保类无人机；

（3）充气体积在 4600m³ 以下的无人飞艇。

适用无人机运行管理分类，如表 4－1 所示。

表 4－1　　无人机运行管理分类

分类	空机重量（kg）	起飞全重（kg）
Ⅰ	$0<W\leqslant1.5$	
Ⅱ	$1.5<W\leqslant4$	$1.5<W\leqslant7$
Ⅲ	$4<W\leqslant15$	$7<W\leqslant25$
Ⅳ	$15<W\leqslant116$	$25<W\leqslant150$
Ⅴ	植保类无人机	
Ⅵ	无人飞艇	
Ⅶ	可 100m 之外超视距运行的Ⅰ、Ⅱ类无人机	

2. 民用无人机机长的职责和权限

（1）民用无人机机长对民用无人机的运行直接负责，并具有最终决定权。

（2）在飞行中遇有紧急情况时：

1）机长必须采取适合当时情况的应急措施。

2）在飞行中遇到需要立即处置的紧急情况时，机长可以在保证地面人员安全所需要的范围内偏离本咨询通告的任何规定。

（3）如果在危及地面人员安全的紧急情况下必须采取违反当地规章或程序的措施，机长必须毫不迟疑地通知有关地方当局。

（4）机长必须负责以可用的、最迅速的方法将导致人员严重受伤或死亡、地面财产重大损失的任何航空器事故通知最近的民航及相关部门。

3. 民用无人机驾驶员资格要求

民用无人机驾驶员应当根据其所驾驶的民用无人机的等级分类，符合咨询通告《民用无人驾驶航空器系统驾驶员管理暂行规定》（AC－61－FS－2013－20）中关于执照、合格证、等级、训练、考试、检查和航空经历等方面的要求，并依据《运行规定》运行。

4. 民用无人机监管措施

为避免民用无人机误闯误入、对民用无人机进行数据化管理，《运行规定》要求，Ⅲ、Ⅳ、Ⅵ

和Ⅶ类无人机及在重点地区和机场净空区以下运行Ⅱ类和Ⅴ类无人机应安装并使用电子围栏、接入无人机云，定时反馈行为信息给无人机云。其中，Ⅲ、Ⅳ、Ⅵ和Ⅶ类的民用无人机在人口稠密区和非人口稠密区报告频率分别为最少每秒一次、最少每30秒一次；对于重点地区和机场净空区以下使用的Ⅱ类和Ⅴ类的民用无人机，报告频率为最少每分钟一次。同时，无人机云提供商必须每6个月向民航行政管理部门提交无人机发展与安全情况报告。

值得一提的是，《运行规定》明确要求，12月31日前，Ⅲ、Ⅳ、Ⅴ、Ⅵ和Ⅶ类无人机以及在北京、上海、广州、深圳运行的Ⅱ类无人机需符合《运行规定》要求；2017年12月31日前，适用无人机均需符合《运行规定》要求。

二、 空中交通管理办法

1. 目的

为了加强对民用无人驾驶航空器飞行活动的管理，规范其空中交通管理工作，依据《中华人民共和国民用航空法》《中华人民共和国飞行基本规则》《通用航空飞行管制条例》和《民用航空空中交通管理规则》，制定本办法。

2. 适用范围

本办法适用于依法在航路航线、进近（终端）和机场管制地带等民用航使用空域范围内或者对以上空域内运行存在影响的民用无人驾驶航空器系统活动的空中交通管理工作。

3. 术语定义

（1）民用无人驾驶航空器：没有机载驾驶员操作的民用航空器。

（2）民用无人驾驶航空器系统：指民用无人驾驶航空器及与其安全运行有关的组件，主要包括遥控站、数据链路等。

（3）遥控驾驶航空器系统：由遥控驾驶航空器、相关的遥控站、所需的指挥与控制链路以及批准的型号设计规定的任何其他部件构成的系统。

（4）遥控驾驶航空器：由遥控站操纵的无人驾驶航空器。遥控驾驶航空器是无人驾驶航空器的亚类。

（5）遥控站：遥控驾驶航空器系统的组成部分，包括用于操纵遥控驾驶航空器的设备。

（6）指挥与控制链路：遥控驾驶航空器和遥控站之间为飞行管理目的建立的数据链接。

（7）自主无人驾驶航空器系统：不允许驾驶员介入飞行管理的无人驾驶航空器。

（8）电子围栏：是指为防止民用无人驾驶航空器飞入或者飞出特定区域，在相应电子地理范围中画出其区域边界，并配合飞行控制系统，保障区域安全的软硬件系统。

（9）感知与避让：观察、发现、探测交通冲突或其他危险，并采取适当行动的能力。

（10）运营人：是指从事或拟从事航空器运营的个人、组织或者企业。

（11）驾驶员：由运营人指派对遥控驾驶航空器的运行负有必不可少职责并在飞行期间适时操纵无人驾驶航空器的人。

（12）观测员：由运营人指定的训练有素的人员，通过目视观测遥控驾驶航空器协助驾驶员安全实施飞行。

（13）隔离空域：专门分配给无人驾驶航空器系统运行的空域，通过限制其他航空器的进入以规避碰撞风险。

（14）非隔离空域：无人驾驶航空器系统与其他有人驾驶航空器同时运行的空域。

（15）目视视距内：驾驶员或观测员与无人驾驶航空器保持直接目视视觉接触的运行方式。直接目视视觉接触的范围为：真高120m以下；距离不超过驾驶员或观测员视线范围或最大500m半径的范围，两者中取较小值。

（16）超目视视距：无人驾驶航空器在目视视距以外的运行方式。无线电视距内：是指发射机和接收机在彼此的无线电覆盖范围之内能够直接进行通信，或者通过地面网络使远程发射机和接收机在无线电视距内，并且能在相应时间范围内 完成通信传输的情况。

（17）超无线电视距：是指发射机和接收机不在无线电视距之内的情况。因此所有卫星系统都是超无线电视距的，遥控站通过地面网络不能在相应时间范围与至少一个地面站完成通信传输的系统也都是超无线电视距的。

（18）机场净空区：也称机场净空保护区域，是指为保护航空器起飞、飞行和降落安全，根据民用机场净空障碍物限制图要求划定的空间范围。

（19）人口稠密区：是指城镇、村庄、繁忙道路或大型露天集会场所等区域。

（20）重点地区：是指军事重地、核电站和行政中心等关乎国家安全的区域及周边，或地方政府临时划设的区域。

三、 操控人员管理规定

1. 目的

近年来随着技术进步，民用无人驾驶航空器（也称远程驾驶航空器，简称无人机）的生产和应用在国内外得到了蓬勃发展，其驾驶员（业界也称操控员、操作手、飞手等，本规定中统称为驾驶员）数量也在快速增加。面对这样的情况，局方有必要在不妨碍民用无人机多元发展的前提下，加强对民用无人机驾驶员的规范管理，促进民用无人机产业的健康发展。

由于民用无人机在全球范围内发展迅速，国际民航组织已经开始为无人机系统制定标准和建议措施（SARPs）、空中航行服务程序（PANS）和指导材料。这些标准和建议措施预计将在未来几年成熟，因此多个国家发布了管理规定。本规定针对目前出现的无人机系统的驾驶员实施指导性管理，并将根据行业发展情况随时修订，最终目的是按照国际民航组织的标准建立我国完善的民用无人机驾驶员监管体系。

2. 适用范围

（1）无机载驾驶人员的无人机系统。

（2）有机载驾驶人员的航空器，但该航空器可同时由外部的无人机驾驶员实施完全飞行控制。

（3）适用无人机分类，如表 4－2 所示。

表 4－2　无人机分类适用范围

分类	空机重量（kg）	起飞全重（kg）
Ⅰ	$0<W\leqslant 1.5$	
Ⅱ	$1.5<W\leqslant 4$	$1.5<W\leqslant 7$
Ⅲ	$4<W\leqslant 15$	$7<W\leqslant 25$
Ⅳ	$15<W\leqslant 116$	$25<W\leqslant 150$
Ⅴ	植保类无人机	
Ⅵ	无人飞艇	
Ⅶ	超视距运行的Ⅰ、Ⅱ类无人机	
Ⅺ	$116<W\leqslant 5700$	$150<W\leqslant 5700$
Ⅻ	$W>5700$	

注　1. 实际运行中，Ⅰ、Ⅱ、Ⅲ、Ⅳ类分类有交叉时，按照较高要求的一类分类。

2. 对于串、并列运行或者编队运行的无人机，按照总重量分类。

3. 地方政府（例如当地公安部门）对于Ⅰ、Ⅱ类无人机重量界限低于本表规定的，以地方政府的具体要求为准。

3. 管理机构

（1）无须证照管理类无人机。

1）在室内运行的无人机。

2）在视距内运行的微型无人机。

3）在人烟稀少、空旷的非人口稠密区进行试验的无人机。

（2）由协会实施管理的无人机。

1）在视距内运行的除微型以外的无人机。

2）在隔离空域内超视距运行的无人机。

3）在融合空域运行的微型无人机。

4）在融合空域运行的轻型无人机。

5）充气体积在 4600m^3 以下的遥控飞艇。

（3）由局方实施管理的无人机。

1）在融合空域运行的小型无人机。

2）在融合空域运行的大型无人机。

3）充气体积在 4600m^3 以上的遥控飞艇。

4. 操作人员要求

（1）执照要求。

1）在融合空域 3000m 以下运行的小型无人机驾驶员，应至少持有私用驾驶员执照（仅带有轻于空气航空器等级的除外）。

2）在融合空域 3000m 以上运行的小型无人机驾驶员，应至少持有带有飞机或直升机等级的商用驾驶员执照。

3）在融合空域运行的大型无人机驾驶员，应至少持有带有飞机或直升机等级的商用驾驶员执照和仪表等级。

4）在融合空域运行的大型无人机机长，应至少持有航线运输驾驶员执照。

5）在融合空域运行的充气体积在 4600m^3 以上的遥控飞艇驾驶员，应至少持有带有飞艇等级的商用驾驶员执照。

（2）飞行技能与经历要求。

申请人必须至少在下列操作上接受并记录了培训机构提供的针对所申请无人机系统等级的实际操纵飞行或模拟飞行训练。

1）对于机长：56h。

a. 空域申请与空管通信，不少于 4h；

b. 航线规划，不少于 4h；

c. 系统检查程序，不少于 4h；

d. 正常飞行程序指挥，不少于 20h；

e. 应急飞行程序指挥，包括规避航空器、发动机故障、链路丢失、应急回收、迫降等，不少于 20h；

f. 任务执行指挥，不少于 4h。

2）对于驾驶员：44h。

a. 飞行前检查，不少于 4h；

b. 正常飞行程序操作，不少于 20h；

c. 应急飞行程序操作，包括发动机故障、链路丢失、应急回收、迫降等，不少于 20h。

（3）运行要求。

1）常规要求，下面的操作限制适用于所有的无人机系统驾驶员。

a. 每次运行必须事先指定机长和其他机组成员。

b. 驾驶员是无人机系统运行的直接负责人，并对该系统操作有最终决定权。

c. 驾驶员在无人机飞行期间，不能同时承担其他操作人员职责。

d. 未经批准，驾驶员不得操纵除微型以外的无人机在人口稠密区作业。

e. 禁止驾驶员在人口稠密区操纵带有试飞或试验性质的无人机。

2）运行中机长要求。

a. 在飞行作业前必须已经被无人机系统使用单位指定。

b. 对无人机系统作业在规定相应技术条件下负责。

c. 对无人机系统是否作业在安全的飞行条件下负责。

d. 当出现可能导致危险的情况时，必须尽快确保无人机系统安全回收。

e. 在飞行作业的任何阶段有能力承担驾驶员的角色。

f. 在满足操作要求的前提下可根据需要转换职责角色。

g. 对具体无人机系统型号必须经过培训达到资格方可进行飞行。

3）运行中其他驾驶员要求。

a. 在飞行作业前必须已经被使用单位指定。

b. 在机长的指挥下对无人机系统进行监控或操纵。

c. 协助机长进行。

a）避免碰撞风险。

b）确保运行符合规则。

c）获取飞行信息。

d）进行应急操作。

四、 其他相关法律法规

1.《民用无人驾驶航空器实名制登记管理规定》

1. 总则

1.1　目的

为加强民用无人驾驶航空器（以下简称民用无人机）的管理，对民用无人机拥有者实施实名制登记，特制定本管理规定。

1.2　适用范围

本管理规定适用于在中华人民共和国境内最大起飞重量为 250g 以上（含 250g）的民用无人机。

1.3　登记要求

2017 年 6 月 1 日起，民用无人机的拥有者必须按照本管理规定的要求进行实名登记。

2017 年 8 月 31 日后，民用无人机拥有者，如果未按照本管理规定实施实名登记和粘贴登记标志的，其行为将被视为违反法规的非法行为，其无人机的使用将受影响，监管主管部门将按照相关规定进行处罚。

2. 职责

2.1　中国民用航空局航空器适航审定司

（1）制定民用无人机实名登记政策；

（2）管理“中国民用航空局民用无人机实名登记信息系统”（以下简称无人机实名登记系统）。

2.2　民用无人机制造商

（1）在“无人机实名登记系统”中填报其产品的名称、型号、最大起飞重量、空机重量、产品类型、无人机购买者姓名和移动电话等信息。

（2）在产品外包装明显位置和产品说明书中，提醒拥有者在“无人机实名登记系统”中进行实名登记，警示不实名登记擅自飞行的危害。

（3）随产品提供不干胶打印纸，供拥有者打印“无人机登记标志”。

2.3　民用无人机拥有者

（1）依据本管理规定 3.2 的要求，在“无人机实名登记系统”进行实名登记。

（2）依据本管理规定 3.4 的要求，在其拥有无人机上粘贴登记标志。

（3）当发生本管理规定 3.5 所述情况，在“无人机实名登记系统”上更新无人机的信息。

3. 民用无人机实名登记要求

3.1 实名登记的流程

（1）民用无人机制造商和民用无人机拥有者在“无人机实名登记系统”（https：//uas. caac. gov. cn）上申请账户。

（2）民用无人机制造商在该系统中填报其所有产品的信息。

（3）民用无人机拥有者在该系统中实名登记其拥有产品的信息，并将系统给定的登记标志粘贴在无人机上。

3.2 实名登记的信息内容

（1）民用无人机制造商填报信息：

民用无人机制造商在“无人机实名登记系统”中填报的信息包括：

1）制造商名称、注册地址和联系方式；

2）产品名称和型号；

3）空机重量和最大起飞重量；

4）产品类别；

5）无人机购买者姓名和移动电话。

（2）个人民用无人机拥有者登记信息。个人民用无人机拥有者在“无人机实名登记系统”中登记的信息包括：

1）拥有者姓名；

2）有效证件号码（如身份证号、护照号等）；

3）移动电话和电子邮箱；

4）产品型号、产品序号；

5）使用目的。

（3）单位民用无人机拥有者登记信息。单位民用无人机拥有者在“无人机实名登记系统”中登记的信息包括：

1）单位名称；

2）统一社会信用代码或者组织机构代码等；

3）移动电话和电子邮箱；

4）产品型号、产品序号；

5）使用目的。

3.3 民用无人机的登记标志

（1）民用无人机登记标志包括登记号和登记二维码，民用无人机拥有者在“无人机实名登记系统”中完成信息填报后，系统自动给出包含登记号和二维码的登记标志图片，并发送到登记的邮箱。

（2）民用无人机登记号是为区分民用无人机而给出的编号，对于序号（S/N）不同的民用无人机，登记号不同。民用无人机登记号共有 11 位字符，分为两部分：前三位为字母 UAS，后 8 位为阿拉伯数字，采用流水号形式，范围为 00000001～99999999，例如登记号 UAS00000003。

（3）民用无人机登记二维码包括无人机制造商、产品型号、产品名称、产品序号、登记时间、拥有者姓名或单位名称、联系方式等信息。

3.4 民用无人机的标识要求

（1）民用无人机拥有者在收到系统给出的包含登记号和二维码的登记标志图片后，将其打印为至少 2cm×2cm 的不干胶粘贴牌。

（2）民用无人机拥有者将登记标志图片采用耐久性方法粘于无人机不易损伤的地方，且始终清晰可辨，亦便于查看。便于查看是指登记标志附着于一个不需要借助任何工具就能查看的部件之上。

（3）民用无人机拥有者必须确保无人机每次运行期间均保持登记标志附着其上。

（4）民用无人机登记号和二维码信息不得涂改、伪造或转让。

3.5 登记信息的更新

（1）民用无人机发生出售、转让、损毁、报废、丢失或者被盗等情况，民用无人机拥有者应及时通过“无人机实名登记系统”注销该无人机的信息。

（2）民用无人机的所有权发生转移后，变更后的所有人必须按照本管理规定的要求实名登记该民用无人机的信息。

五、 空域申请

目前来说，无人机的空域申请是不对个人开放的，只对政府部门、事业单位和企业开放。下面就来介绍如何进行无人机空域申请。

1. 准备空域申请材料

（1）飞行计划（单位、联系方式、无人机型号、起降点、任务性质、飞行区域、飞行高度、飞行日期、预计开始和结束时刻）。

（2）飞行资质证明（涉及对地观测地需要航测资质），如图 4-1 所示。

（3）飞手资格证书，如图 4-2 所示。

（4）任务委托合同，如图 4-3 所示。

（5）任务单位其他相关材料。

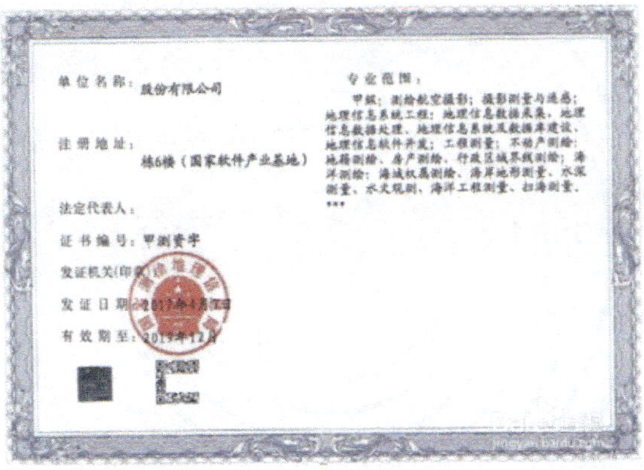
单位名称：股份有限公司
注册地址：栋6楼（国家软件产业基地）
法定代表人：
证书编号：甲测资字
发证机关(印章)
发证日期：
有效期至：
专业范围：
甲级：测绘航空摄影；摄影测量与遥感；地理信息系统工程：地理信息数据采集、地理信息数据处理、地理信息系统及数据库建设、地理信息软件开发；工程测量；不动产测绘：地籍测绘、房产测绘、行政区域界线测绘；海洋测绘：海域权属测绘、海岸地形测量、水深测量、水文观测、海洋工程测量、扫海测量。
***

图 4-1　飞行资质证明

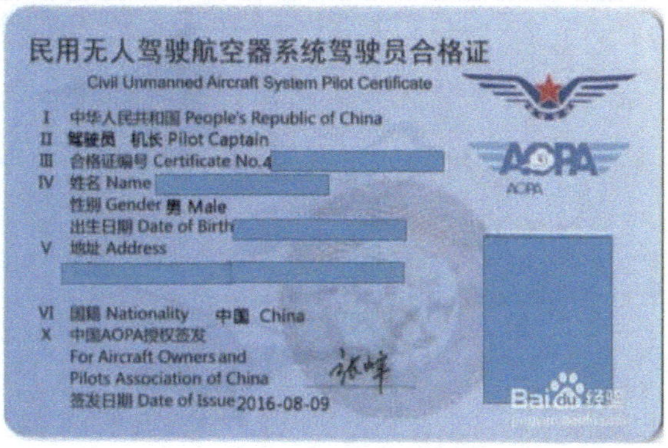
民用无人驾驶航空器系统驾驶员合格证
Civil Unmanned Aircraft System Pilot Certificate
Ⅰ　中华人民共和国 People's Republic of China
Ⅱ　驾驶员　机长 Pilot Captain
Ⅲ　合格证编号 Certificate No.[redacted]
Ⅳ　姓名 Name [redacted]
性别 Gender 男 Male
出生日期 Date of Birth [redacted]
Ⅴ　地址 Address
[redacted]
Ⅵ　国籍 Nationality　中国　China
Ⅹ　中国AOPA授权签发
For Aircraft Owners and
Pilots Association of China
签发日期 Date of Issue 2016-08-09

图 4-2　飞手资格证书

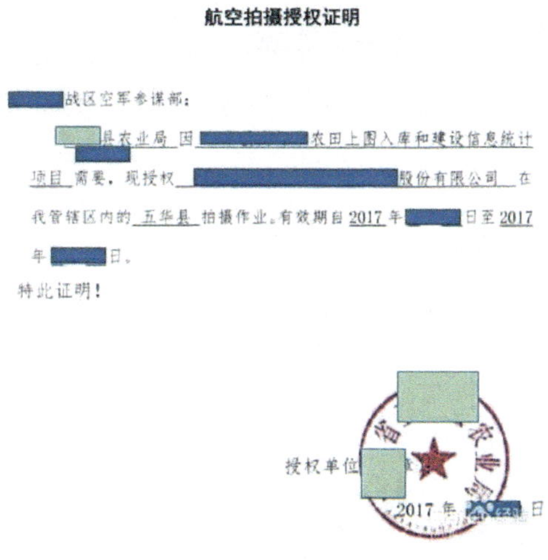
航空拍摄授权证明

[redacted]战区空军参谋部：

[redacted]县农业局因[redacted]农田上图入库和建设信息统计项目需要，现授权[redacted]股份有限公司在我管辖区内的五华县拍摄作业。有效期自2017年[redacted]日至2017年[redacted]日。

特此证明！

授权单位[redacted]
2017年[redacted]日

图 4-3　任务委托合同

（6）空域申请书（申请原因、申请事项、委托方、航空器信息、飞行时间、飞行地点、任务性质）。

（7）公司相关资质证明，如图 4-4 所示。

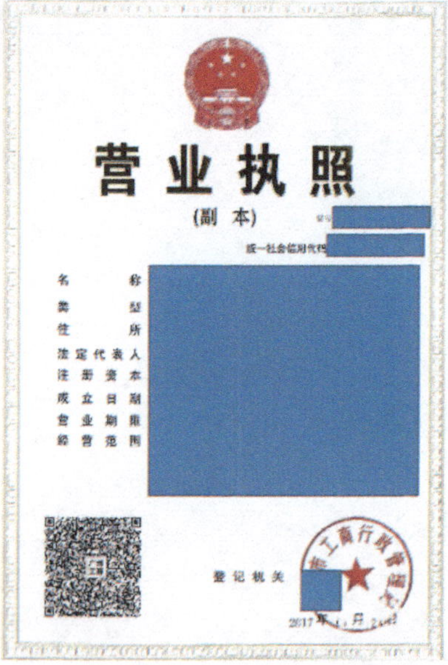

图 4-4　公司相关资质证明

2. 提交空域申请材料

（1）若使用无人机进行航空摄影或遥感探物飞行，需在战区空军办理对地成像审批手续，在进行飞行计划申请相关事宜。战区需要查看有无敏感区域，确定该区域没有问题。

（2）在机场附近飞行：

1）携带所需材料 1、2、3 向民航管理局提出申请。

2）审批成功后到当地派出所备案。

（3）在机场以外区域飞行：

1）携带所需材料 1、2、3 向战区军区提出申请。

2）由军区出具的《飞行任务申请审批》红头文件将自动抄送公安局。

3）公安局根据空军批文，向任务单位索要所需材料 4 和 5。

4）甲乙双方到属地派出所与民警面谈、做笔录、多方在笔录上按红手印。

5）整个飞行过程都由属地派出所警官跟随。

（4）飞前和飞后向当地空军管制处电话报备。

3. 网上申请流程

（1）登录中国空网（http://www.airspace.cn）。

（2）注册新用户，填写企业信息，上传相关资质。

（3）为确保企业信息真实有效，还需公对公转款 0.01 元至中国空网账户（空网账户信息会在提交企业认证时显示）。

（4）企业认证通过，如图 4-5 所示。

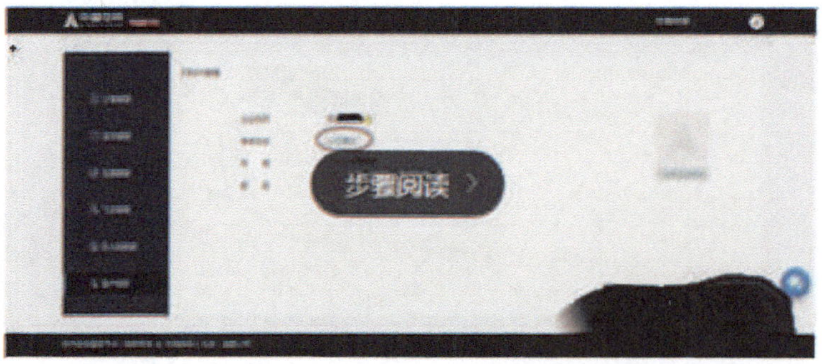

图 4-5　企业认证通过

（5）点击空域申请，选择临时空域/长期空域（临时空域需要提前十天申请），填写飞行信息、飞行区域等相关信息，并上传采集授权证明（上传选项旁有模板可以下载填写）等相关材料，若是航测还需上传航测资质，如图 4－6 所示。

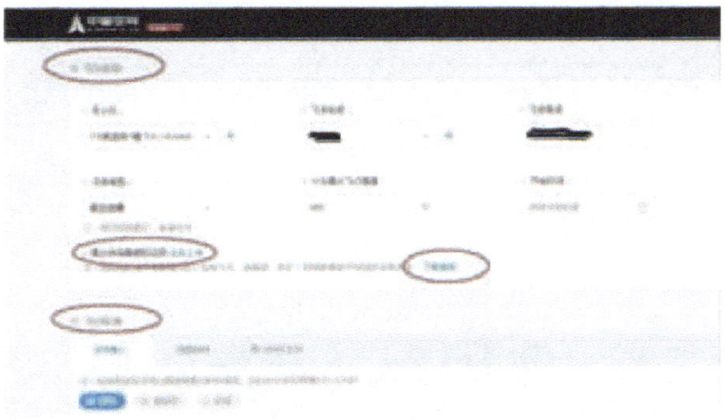

图 4－6　空域申请

（6）提交空域申请并付款，如图 4－7 所示。

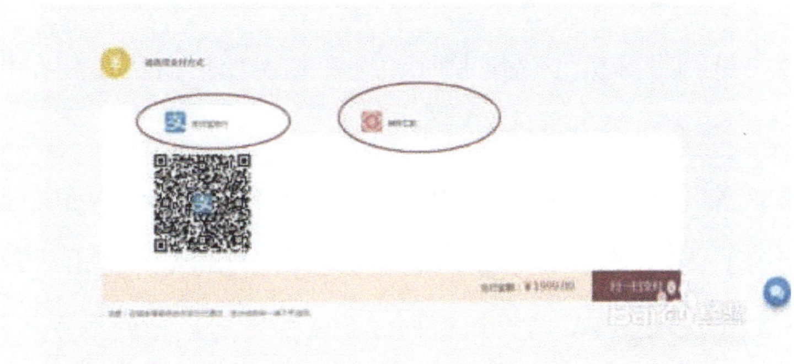

图 4－7　付款信息

（7）空域申请通过，获得空军下发批文（可以下载批文复印件，后续会将原件邮寄，未通过则退款）如图 4－8 所示。

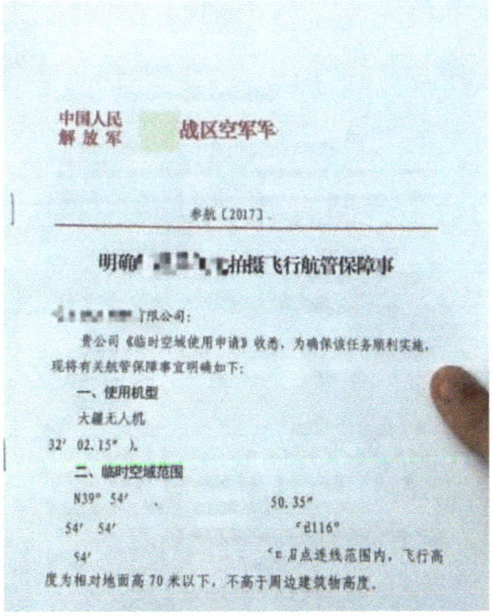

中国人民解放军　战区空军军

参航〔2017〕

明确　拍摄飞行航管保障事

限公司：

贵公司《临时空域使用申请》收悉，为确保该任务顺利实施，现将有关航管保障事宜明确如下：

一、使用机型

大疆无人机

32′ 02.15″ ）。

二、临时空域范围

N39° 54′　50.35″

54′ 54′　E116°

54′　E 各点连线范围内，飞行高度为相对地面高 70 米以下，不高于周边建筑物高度。

图 4－8　空域批文

（8）空域申请通过后，登录账户索取发票，中国空网会将发票邮寄返回。

练习思考题

1. 无人机运行管理分类有哪几种？

2. 空域申请的流程是怎样的？

第二节　电力与无人机安全工作规程

一、电力安全工作规程

1.1　在恶劣气候下进行直升机巡视作业时，应针对现场气候和工作条件，制订专门安全措施，经本单位及通航公司主管负责人批准后方可进行。

1.2　巡视作业时，直升机应与高压线保持足够安全距离，直升机驾驶员必须始终能看到作业线路，并清楚线路的走向，若看不清架空输电线路应立即上升高度，退出后重新进入。

1.3　巡视作业时如错过观察点，直升机应向线路外侧转弯，重新进入，严禁倒飞。当直升机悬停时，应顶风悬停，而不应正对塔、线悬停。

1.4　巡视作业时，若需要直升机转到线路另一侧，必须从塔上飞过，严禁从档中横穿。

1.5　严禁直升机在厂站上方低空穿越。

1.6　直升机在相邻两回线路区域作业时，应按照 DL/T 288—2012 的要求执行。

1.7　严禁在水库、江河等水域上方悬停作业，必须经过水域时直升机飞行高度应不低于 50m 且快速通过。

1.8　开展直升机巡视作业的输电线路宜装有标志，标志应依据 DL/T 289—2012 的规定制作、安装。

二、无人机安全工作规程

2.1　多旋翼无人机安全工作规程

2.1.1　巡检方式

多旋翼无人机巡检作为人工巡检的辅助工具，主要适用于以下几种情况：

（1）常规巡检：按照多旋翼巡检计划对架空输电线路本体、附属设施、线路通道等进行的常规巡检作业。

(2) 故障巡检：运行单位为查明线路故障点、故障原因及故障情况等所组织的线路巡检作业。

(3) 特殊巡检：在特殊情况下或根据特殊需要对架空输电线路进行的巡检作业，包括夜间巡检、灾情巡检等。

2.1.2 巡检前准备

(1) 根据巡检内容及任务要求，制定巡检计划，确定巡检方式和重点。

(2) 收集巡检线路的走向、交叉跨越情况、杆塔 GPS、运行参数、缺陷记录、地形地貌、气象条件以及线路周边的环境情况等资料内容。

(3) 根据作业需求适配任务载荷。

(4) 对多旋翼无人机巡检系统进行检查，确保运行良好。

(5) 起降场地要求平坦，面积不小于 2m×2m。

2.1.3 巡检作业要求

(1) 作业安全要求。

1) 当多旋翼无人机悬停巡检时，应顶风悬停。

2) 若对无人机姿态进行调整时，巡检人员要注意线路周围的障碍物。

3) 巡检作业时，必须始终能看到作业线路，并清楚线路的走向，若看不清架空输电线路应立即上升高度退出后重新进入。

4) 多旋翼无人机作业时应按照微型无人机进行管理，作业时应保持直接目视视觉接触的操作方式，不应超视距作业。

(2) 巡检人员要求。

1) 身体健康，无妨碍作业的疾病和心理障碍。

2) 从事过输电线路运维、施工或相关专业工作。

3) 从业人员经过该机型的飞行操作有关培训，但无须取得民航局或行业协会颁发的证照。

(3) 气象及环境要求。

1) 作业应在良好天气下进行，风速不大于 10m/s。

2) 在作业过程中遇到雷、雨、雪、大雾、大风等恶劣天气应及时终止作业。

3) 作业前应落实被巡线路沿线有无影响飞行安全的因素，并采取停飞或避让等应对措施。

4) 视距内飞行，无人机处于驾驶员或观测员目视视距内半径 500m、相对高度低于 120m 的区域。

2.1.4 巡检资料整理

多旋翼无人机巡检系统的巡检数据、缺陷应在当日整理，并录入直升机/无人机电力作业技术支持系统，启动相应缺陷处理流程。

2.2　固定翼无人机及直升机工作安全流程

2.2.1　巡检方式

固定翼无人机系统作为一种专项巡检手段，主要适用于以下几种情况：

（1）常规巡检：按照巡检计划对架空输电线路本体、线路通道进行的常规巡检作业。

（2）故障巡检：运行单位为查明线路故障点，故障原因及故障情况等所组织的线路巡检作业。

（3）特殊巡检：在特殊情况下或根据特殊需要对架空输电线路进行的巡检作业，如灾情巡检等。

2.2.2　巡检作业流程

架空输电线路固定翼无人机巡检作业流程如图 4－9 所示。

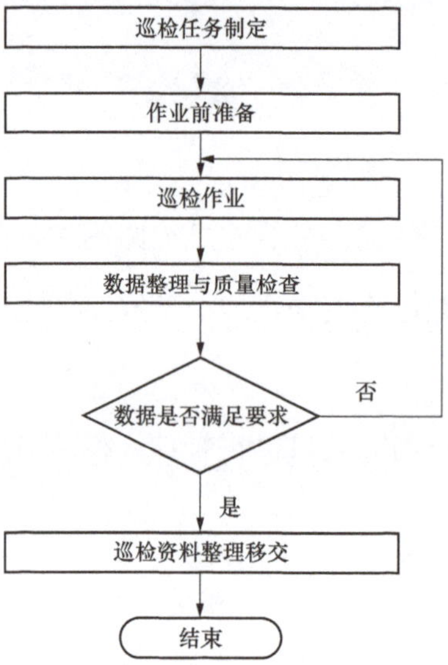

图 4－9　架空输电线路固定翼无人机巡检作业流程

2.2.3　巡检前准备

（1）根据巡检作业需求，选择固定翼无人机及任务载荷，确定巡检方式和重点。

（2）巡检作业组应配备现场负责人、无人机操作员、地面站操作员、地勤操作员、任务载荷操作员岗位，要求现场负责人、无人机操作员和地面站操作员有备岗，保证紧急情况下无人机可安全回收。

（3）巡检作业组应收集巡检线路资料、巡检线路的走向、杆塔 GPS 信息、运行参数、缺陷记录、地形地貌、气象条件、交叉跨越以及线路周边的环境情况等资料内容。

（4）现场勘察，选择起降场地，起降场地要求平坦无遮挡，场地情况视固定翼无人机的起降特性而定，条件允许时，对巡检线路进行勘察。

（5）根据收集的资料内容，制定详细巡检作业方案，规划安全、合理的飞行航线。

（6）对固定翼无人机巡检系统进行检查，确保固定翼无人机具备适航技术状态。

（7）向当地空管部门提交飞行计划，进行空域申请，获得批准后方可进行巡检作业。

2.2.4　巡检作业要求

（1）作业安全要求。

1）当固定翼无人机飞行作业时，参照具体机型抗风能力，尽量在天气晴朗、风速处于无人机设计抗风能力范围的情况下飞行。

2）若无人机伞降回收，要选择比较大、比较开阔的降落场地。

3）巡检作业时，要清楚线路的走向、高差以及周围环境，根据线路高差划定航线，飞机在山后飞行应考虑通信的影响。

4）固定翼无人机应符合以下要求之一：

a. 在视距内运行的无人机；

b. 在隔离空域内超视距运行的无人机；

c. 在融合空域运行的小型无人机；

d. 在融合空域运行的中型无人机。

禁止电力巡检作业用大型无人机（对应 AC－61－FS－2013－20 为小型和大型无人机）在融合空域运行。隔离空域、融合空域的定义，详见《民用无人驾驶航空器系统驾驶员管理暂行规定》。

本规定所称小型、中型、大型无人机的分类，与《民用无人驾驶航空器系统驾驶员管理暂行规定》分类的差异，详见《架空输电线路机巡标准总则》，如表 4－3 所示。

表 4－3　　无人机按空机重量分类要求

序号	无人机类型	空机重量（G）	备　注
1	小型无人机	$G \leqslant 7$kg	对应 AC－61－FS－2013－20 为微型
2	中型无人机	7kg$< G \leqslant$116kg	对应 AC－61－FS－2013－20 为轻型
3	大型无人机	$G>$116kg	AC－61－FS－2013－20 空机重量小型无人机为 116～5700kg 大型无人机为大于 5700kg

（2）巡检作业人员要求。

1）身体健康，无妨碍作业的疾病和心理障碍；

2）从事过输电线路运维、施工等相关专业工作；

3）经过固定翼无人机飞行操作专业培训合格，并按照《民用无人驾驶航空器系统驾驶员管理暂行规定》取得行业协会签发的操作资格证书。

（3）气象及环境要求。

1）作业区域内无强干扰源，如雷达等。

2）作业应在良好天气下进行，根据各型号固定翼无人机抗风能力和气象数据决定是否开展作业。

3）在作业过程中遇到雷、雨、雪、大雾、大风等恶劣天气应及时终止作业。作业前应落实被巡线路沿线有无影响飞行安全的因素，并采取停飞或避让等应对措施。

（4）运行要求。无人机飞行应满足《民用无人驾驶航空器系统驾驶员管理暂行规定》第 8 章“运行要求”，具体条款如下：

1）常规要求，下面的操作限制适用于所有的无人机系统驾驶员。

a. 每次运行必须事先指定机长和其他机组成员；

b. 驾驶员是无人机系统运行的直接负责人，并对该系统操作有最终决定权；

c. 驾驶员在无人机飞行期间，不能同时承担其他操作人员职责；

d. 未经批准，驾驶员不得操纵除微型以外的无人机在人口稠密区作业；

e. 禁止驾驶员在人口稠密区操纵带有试飞或试验性质的无人机。

2）运行中机长要求。

a. 在飞行作业前必须已经被无人机系统使用单位指定；

b. 对无人机系统作业在规定相应技术条件下负责；

c. 对无人机系统是否作业在安全的飞行条件下负责；

d. 当出现可能导致危险的情况时，必须尽快确保无人机系统安全回收；

e. 在飞行作业的任何阶段有能力承担驾驶员的角色；

f. 在满足操作要求的前提下可根据需要转换职责角色；

g. 对具体无人机系统型号必须经过培训达到资格方可进行飞行。

3）运行中其他驾驶员要求。

a. 在飞行作业前必须已经被使用单位指定；

b. 在机长的指挥下对无人机系统进行监控或操纵；

c. 协助机长进行：①避免碰撞风险；②确保运行符合规则；③获取飞行信息；④进行应急操作。

（5）数据质量要求。巡检作业完成后，现场对巡检数据进行分析判断，其数据质量应能够满足作业任务要求，否则根据实际情况考虑复飞或其他巡检方式，进行补拍。

2.2.5　巡检资料整理移交

巡检数据整理完成后，在直升机/无人机电力作业技术支持系统中上传提交。

练习思考题

1. 多旋翼无人机有哪几种巡检方式？
2. 固定翼无人机的巡检作业方式是怎样的？

本章小结

本章主要介绍了运行管理规定、空中交通管理办法、操控人员管理规定以及定力与无人机安全工作规程的关于无人机巡检的相关规定，并且详细讲述了空预申请的主要流程。

第五章

无人机电力巡检

学习目标

知识目标：

（1）熟悉无人机的巡检线路是如何规划的。

（2）熟悉多旋翼无人机的巡检技术要求。

（3）熟悉多旋翼无人机的巡检作业标准。

能力目标：

掌握无人机巡检时的要求与作业标准。

无人机电力巡检是电力行业巡检方面的一项重要技术，是未来巡检作业形式的主要发展方向，本章从如何制定合适的巡检线路规划出发，让学生掌握无人机电力巡检的各项技术要求以及巡检作业中的各种作业标准。

第一节 无人机巡检线路规划

一、 地点确认及调研

对于每一次的巡线，都需要目的明确。有了目标，就需要为实现这个目标而做好充分的准备工作，从而完全以目标为导向来实现它。

既然是去巡线，拍哪是最关键的，首先要确定合适的拍摄对象，又或者本来就已经有了明确的目标，比如就是要去拍日本富士山，要拍到山顶有雪，山下有红叶的场景。那就需要去做一些调研，哪些地方是拍富士山的最佳角度和地点，什么时间能有“山顶有雪，山下有红叶”的场景，哪些地方是适合停留进行航拍作业的，还有哪些附近比较好的景点可用于辅助镜头的拍摄，这些地点能采用怎样的交通工具抵达，下车之后是否需要步行，需要步行多远抵达指定的地点等，都需要提前有个了解并做好安排，最好能在当地找个比较熟悉路线的朋友先提前咨询一下或者踩踩点。

在确认好多个巡检的地点，需要对于路线进行合理的规划，先到 A 点，还是先到 B 点，在 A 点停留多长时间，拍摄怎样的镜头，然后再去 B 点，在去 B 点的途中，如果时间充分的话，可以考虑在 C 点停留多长时间补几个镜头等。

巡检地点确认后，就需要根据实际情况来进行航拍的人员安排和部署，以及各个地点的拍摄时间安排。如果地点间相距较远，但是时间有限，有可能需要增补人员进行分组巡线任务；对于距离较近的地点，也可以把时间控制紧密一点，尽可能一天内去多个地点。

二、 地理环境注意事项

针对每一次的巡线作业，很有可能不仅仅只拍摄一个地点，那么对于多个地点的拍摄来说，相对要比较复杂，需要做好前期的调研和准备工作。无论是一个地点还是多个地点，对每个地点的天气情况、温度、湿度、风向、风力以及日出日落的时间点都需要有正确的认知，如表 5－1 所示。

表 5－1　　地理环境注意事项

地点列表	日期/星期	天气情况/温度	风向/风力	日出/日落时间
1 号地点	××年 5 月 27 日星期二	晴天/26～30	西南风/3 级	5 点/18 点
2 号地点	××年 5 月 27 日星期二	多云/25～29	无风	5 点 10 分/18 点 10 分
3 号地点	××年 5 月 28 日星期三	阴雨/26～31	西南风/3 级	5 点 05 分/17 点 55 分
4 号地点	××年 5 月 28 日星期三	晴天/24～28	西南风/4 级	5 点/18 点
5 号地点	××年 5 月 29 日星期四	阵雨/26～30	西南风/3 级	5 点/18 点

一方面，正确的天气信息把控，对于航拍活动至关重要，因为这些因素都会影响到实际的飞行和拍摄的效果。一般来说，晴天且阳光充足是比较适合进行航拍活动的，拍摄的画面效果也是很不错的，但是，如果光线太强，就需要提前准备好滤镜等。如果计划的航拍时间已确定，但是通过了解天气情况后，发现天气并不好，可能有雨，也要做好一些响应的防范工作，比如：提前准备好雨具等。在大风的条件下，最好不要进行巡线作业。

接下来，重点将日出和日落时间点把控的重要性说明一下，因为这个因素很容易被人忽略，或者对于没有太严格或系统化航拍经历的人来说，他们基本没有这样一个概念。摄影的人都知道光线的把握是非常重要的，相同的被拍摄地，在光线充足或不够的情况下，拍出来的效果是截然不同的，因为在拍摄作业中，要"珍惜"每天有光照的时间段。了解了正确的日出和日落时间后，可以对拍摄时间进行合理的安排，这样以避免到了指定地点，而太阳已经落山，光线严重不足的情况，最终导致无法拍摄。

另一方面，如果拍摄地点较多的话，需要提前规划好一条最佳的路线，尽量少走弯路和重复路线，尽量不要浪费太多的时间在行进路上。针对每个拍摄地点，需要停留多长时间，大概需要拍摄一些怎样的镜头，这些都需要提前考虑。与此同时，还需要对每个航拍地点做好调研工作，是否有合适的起飞点，可以拍摄到哪些位置？除了主要的场景拍摄，是否可能再进行一些其余部位的辅助拍摄工作？每个航拍地点，驱车抵达后，是否还需要步行或者通过其他方式抵达拍摄点，也要提前做好安排。

三、 出发前的检查

一般情况下，参与无人机巡线的人数和行李数相对较多。其中，行李除了包含巡线所需要的相关设备以外，还有自己的私人行李，为了确保行李安全抵达目的地，最好准备一个 Checklist 来进行核对和确认。

1. "一包一箱"责任制

将所有大大小小的行李汇总，然后每个行李指定一个责任人。

如表 5-2 所示（仅供参考），总共装设备的大行李箱有 4 个，分别编号 A/B/C/D 方便区分，并分配责任到个人，到各个中转站时要进行校对，各责任人需要对行李箱的安全抵达负责。同时，为了出行方便，最好所有人都采用一个背包来装私人物品，这样"一包一箱"制，出行更加方便，而且责任到位不容易丢失。

表 5-2　"一包一箱"责任制

行李	负责人	出发前往目的地	目的地	抵达目的地酒店
设备行李箱 A	张 A			
设备行李箱 B	李 B			
设备行李箱 C	王 C			
设备行李箱 D	马 D			
背包 1	张 A			
背包 2	李 B			
背包 3	王 C			
背包 4	马 D			

2. 设备对应箱号

在行李中最主要的部分是航拍的设备及相关的器材，需要提前做好拆解和打包，并对将设备清单一一核对，确保所有的设配、配件等全部到位。需要注意的是，运输途中的影响因素很多，所以，在打包的时候，务必要确保设备的安全。

在抵达目的地之后，需要打开行李箱进行设备的安装和调试工作。为了大大提高效率，在拆解打包之前，需要将每个设备对应行李箱号，需要什么设备可以直接定位到哪一个行李箱，这样少一个箱一个箱打开去寻找的时间，而且，能确保安装与调试的工作有条不紊地进行。

以表 5－3 示例，仅供参考：

表 5－3　　设　备　清　单

设备行李箱 A——负责人：张 A
1. 飞行设备 S1000＋A2＋IOSD Mark II（2 套）； 2. 对讲机＋充电器（5 套）； 3. S1000 电池充电器（1 套）； 4. 遥控器接收机（4 套）； 5. 工具包
设备行李箱 B——负责人：李 B
1. 云台系统 Z15－BMPCC（3 套）； 2. 高清图传 Lightbridge（3 套）； 3. BMPCC 相机（3 个）； 4. CANON 5D Ⅲ相机（1 个）
设备行李箱 C——负责人：王 C
1. Phantom 2 Vision ＋（2 套）； 2. Phantom 2 Vision＋ 电池充电器（2 个）； 3. S1000 配件若干； 4. Phantom 2 Vision ＋ 配件若干
设备电池箱 D——负责人：马 D
1. S1000 电池（12 块）； 2. Phantom 2 Vision＋ 电池（8 块）

四、 起飞前的检查

一般情况下，无人机电力巡检会受到一些因素的制约，比如：拍摄的最佳时间和航线、有效飞行时间、天气原因等，所以，每一次的起飞都需要非常认真地对待，都要好好把握每一次的飞行。

很多的拍摄不仅仅只是拍摄静态的图片而已，还包括搭载红外图像、视频等。在这样的情况下，必须要把握好每一次的起飞。当需要起飞进行拍摄作业时，飞机需要时刻准备着，且能立刻起飞；如果需要立刻起飞抵达某个拍摄角度做好航线飞行的准备，就需要随时待命；如果有效的飞行时间有限，比如电池数量不充足，就不能浪费任何一次的飞行，起飞之后就要拍摄到真正需要检查的部位；如果天气骤变或者光线变暗，需要抓得住最后的时机完成拍摄工作。

为了保证正常的起飞和拍摄，需要认真核实下列项目：

（1）飞行器电池满电，或者电池足以完成本次航拍飞行需求；

（2）遥控器电池够电，或者电池足以完成本次航拍飞行需求；

（3）相机内存卡清空，或者空间足以完成本次航拍录像需求；

（4）相机的电池满电，或者电量足以完成本次航拍拍摄需求；

（5）相机温度正常，不会因起飞后相机过热而影响正常拍摄；

（6）监视器及监视器电池准备就位，且工作正常；

（7）飞行器及云台系统工作正常；

（8）地面拍摄的设备也准备就位；

（9）飞手和云台手准备就位，可随时启动巡线任务。

五、紧急应对措施（下雨，大雾，备用设备）

巡线设备都是电子设备，不能接触雨水等。所以，如果遇到下雨天，我们要做好遮雨的准备工作，不能直接将设备裸露到雨水中。

遇到大雾的天气，为了安全考虑，最好暂停或者终止飞行任务，因为飞行器在大雾飞行，往往因为太多水气而造成飞行设备短路等，而且，大雾往往会让您对周围的环境更加陌生，不便于飞行。

一般巡线设备，如果允许的话，可以多准备一套设备作为备用，这样即使碰到突发事件，也不会影响到巡检作业，或者对于一些环境比较特殊的地点，可以采用一些更加小型且轻便的设备进行试探飞行等。

六、气象知识、空域及地理环境

1. 气象常识

航拍器在大气层中飞行中，气候因素举足轻重。因此，天气标准就成为限制飞行的主要因素。一般无人机的理想高度是500m以下的低空，这是航拍镜头语言的理想空间，对于无人机来说，这个高度恰恰是“风切变”的多发区，这会导致无人机严重偏航破坏无人机的稳定性。无人机抗拒不了突然袭来的“风切变”严重点会导致无人机侧翻、失控。

(1) 低空风切变介绍。风切变是指风速矢量或其分量沿垂直方向或某一水平方向的变化。风切变是向量值，它反映了所研究的两点之间风速和风向的变化。在航空气象学中，低空风切变通常是指近地面 600m 高度以下的风切变。

低空风切变的形成需要一定的天气背景和环境条件。雷暴、积雨云、龙卷等天气有较强的对流，能形成强烈的垂直风切变；强下击暴流到达地面后向四周扩散的阵风，能形成强烈的水平风切变；锋面两侧气象要素差异大，容易产生较强的风切变，如图 5-1 所示。

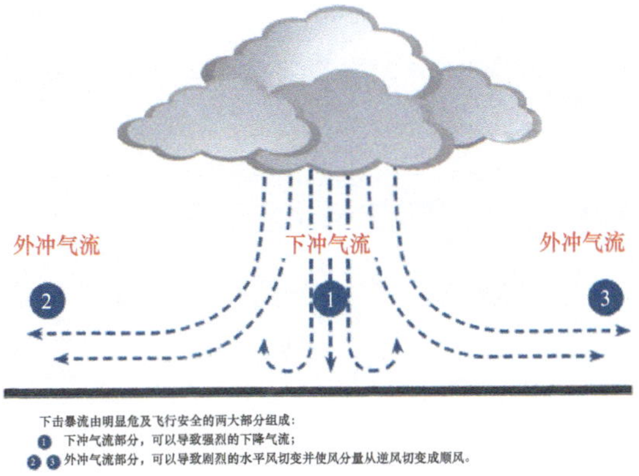

图 5-1 低空风切变的种类

为了确保安全，国际航空、航天和气象界都积极开展低空风切变的研究。

风切变通常分为以下几种：

1) 风的垂直切变：指在垂直方向上两点之间风速和（或）风向的改变。

2) 风的水平切变：只在水平方向上两点之间风速和（或）风向的改变。

3) 垂直气流的切变：指上升或下降气流（垂直风）在水平方向上两点之间的改变。

(2) 低空风切变的分类。根据飞机的运动相对于风矢量之间的各种不同情况，把风切变分为：

1) 顺风切变：顺着飞机飞行方向顺风增大或逆风减小，以及飞机从逆风区进入无风或顺风区。顺风切变使飞机空速减小，升力下降，飞机下沉，是比较危险的一种低空风切变。

2) 逆风切变：顺着飞机飞行方向逆风增大或顺风减小，以及飞机从顺风区进入无风或逆风区。逆风切变使飞机空速增加，升力增加，飞机上升，其飞行危害比顺风切变轻些。

3) 侧风切变：飞机从一种侧风或无侧风状态进入另一种明显不同的侧风状态。侧风切变可使飞机发生侧滑、滚转或偏航。

4) 垂直风的切变：飞机从无明显的升降气流区进入强烈的升降气流区域的情形。

(3) 对飞行器的飞行影响。低空风切变对飞行器的飞行有很大的影响，严重时甚至可能引发事故，这种影响的程度取决于风切变的强度和飞行器的高度。低空风切变对飞行器造成的主要影响有改变飞行器航迹；影响其稳定性和操作性；影响某些仪表的准确性。

1）顺风切变对飞行器的影响。飞机着陆过程中进入顺风切变区时（例如从强逆风突然转为弱逆风，或从逆风突然转为无风或顺风），顺风切变使飞行器空速减小，升力下降，飞机下沉。此时的修正动作是加油门使电机增速，减小下降率。但如果顺风切变的高度很低，飞行员来不及及时修正，将会造成大的偏差。

2）逆风切变对飞行的影响。飞行器进入逆风切变区时（例如从强的顺风，突然转为弱顺风，或从顺风突然转为无风或逆风），逆风切变使飞行器阻力突然增大，升力也增大，飞行器姿态不稳。

3）侧风切变对着陆的影响。侧风切变会使着陆过程中的飞行器产生侧滑、滚转或偏转而对不准降落地点，造成横侧偏差。

4）垂直风切变对着陆的影响。当飞机在着陆过程中遇到升降气流时，飞机的升力会发生变化，从而使下降率发生变化。垂直风对飞机着陆危害巨大，飞机在雷暴云下进近着陆时常遇到严重的下降气流。

2. 地域性天气对巡检要求

对飞行路径和时间的把控（电池、天气、日出日落、温度等原因）；

飞行路径即飞行的航线，也就是航拍过程中，飞行器实际飞行的轨迹。

飞行路径由谁来把控？一般情况下，在真正专业高效的作业中，飞行路径主要是遵循线路的拍摄要求而提前确认下来的飞行轨迹。但是，由于飞手是对飞行器控制的专业人员，也是对整个飞行把控度最好的最佳人选，所以飞行路径的确认同样需要与飞手有很好的交流。

比如：需要确认下面几个问题：

（1）天气不好，拍摄地点有大雾，是否适合做本次飞行；

（2）周围的环境（光线太差、温度过低等原因）是否允许完全按照巡检的要求进行飞行；

（3）电池电量是否足够来执行本次飞行；

（4）这样的飞行路径离高压线，人群或者建筑物较近，是否适合飞行；

（5）飞行路径比较复杂，穿越树林等等，是否可以完成这样复杂的飞行任务。

以上仅仅是几个简单的示例，其实简单一句话，就是飞行员要对整个飞行（路径）的过程负责，要跟勘察员有很好的沟通和交流，在条件允许的情况下达到拍摄的需求，完成巡线任务。

巡线路径确认之后，一旦飞行器起飞，为了高效地利用有限的飞行时间，飞手需要遵循制定好的计划要求来控制飞行器，严格按照提前规划好的飞行轨迹进行飞行，以达到拍摄需求，从而完成拍摄任务。

提前踩点并规划好拍摄路径，其主要目的是为了确保空中携带的摄像机能够拍摄出所需要的镜头和视频素材，当然，飞行路径只是一个基本条件，云台和相机拍摄角度的控制也是一个至关重要不可缺少的因素。

3. 湍流对无人机巡视的影响

地面上障碍物影响风的流向。地面的地形和大的建筑物会分散风的流向，产生会快速改变风向和速度阵风。这些障碍物包括人造建筑物如飞机棚等，大的自然障碍物如山脉、峭壁或者峡谷等。

和地面建筑物有关的湍流强度依赖于障碍物的大小和风的基本速度。这会影响飞行器的起飞和降落性能。

在山地区域时，风沿着迎风侧平稳地向上流动，上升的气流会帮助飞行器飞越山脉的顶峰，而背风侧的效果则不一样。当空气流在闪的背风侧向下时，空气顺着地形的轮廓流动，湍流逐渐增加。这就趋向于把飞行器推向山的一侧。风越强，向下的压力和湍流就变得越强烈。

第二节　无人机巡检技术要求

一、 设备缺陷的分类原则

设备缺陷按照其严重程度分为紧急缺陷、重大缺陷、一般缺陷。

(1) 紧急缺陷。设备或设施发生直接威胁安全运行并需立即处理，随时可能造成设备损坏、人身伤亡、大面积停电、火灾等事故者。

(2) 重大缺陷。对人身、电网和设备有严重威胁，尚能坚持运行，不及时处理有可能造成事故者。

(3) 一般缺陷。短时内不会发展为重大缺陷、紧急缺陷，对运行虽有影响但尚能坚持运行者。

设备缺陷的定性还应综合考虑系统、设备及负荷的性质、情况，也应考虑气候等因素。

二、 设备缺陷的处理时限

1. 紧急缺陷

消除时间或立即采取措施以限制其继续发展的时间不超过 24h。

2. 重大缺陷

（1）消除时间原则上不超过7天。

（2）但由于电网运行方式或其他特殊情况的限制，无法及时处理的缺陷，经本单位技术主管领导同意及各级调度部门批准后，可适当延长处理时限。在此期间，必须安排缺陷的跟踪、试验、检查或采取措施，以免发展成为紧急缺陷。

3. 一般缺陷

（1）属下列情况之一的一般缺陷，应列入下一个季度的生产计划予以消除：

1）不需要停电处理；

2）可带电作业处理；

3）经调整运行方式，使缺陷设备停电但不影响正常供电。

（2）必须停电处理的一般缺陷，应在发现缺陷后的第一次停电时消除。

三、 日常定期巡视

1. 杆塔类

（1）定义。杆塔是通过绝缘子串组悬挂导线的装置，是用来支持导线、避雷线及其附件的支持物，以保证导线与导线、导线与地线、导线与地面或交叉跨越物之间有足够的安全距离。

杆塔按其受力性质，宜分为悬垂型、耐张型杆塔。悬垂型杆塔宜分为悬垂直线和悬垂转角杆塔；耐张型杆塔宜分为耐张直线、耐张转角和终端杆塔。

直线杆塔：用于架空线路直线段的杆塔，其导线用悬垂线夹、针型或支柱型绝缘子悬挂。

转角杆塔：用于线路改变水平方向的杆塔。

直线转角杆塔：用于以小或中等角度改变线路方向的杆塔，它的导线用悬垂绝缘子串悬挂。

耐张杆塔：用耐张绝缘子组悬挂导线或分裂导线的杆塔。

终端杆塔：用于线路一端承受导线张力的杆塔。

杆塔按其回路数，应分为单回路、双回路和多回路杆塔。单回路导线既可水平排列，也可三角排列或垂直排列；双回路和多回路杆塔导线可按垂直排列，必要时可考虑水平和垂直组合方式排列。

铁塔部件有：主材、斜材、交叉材、水平材、辅材、连板、塔脚板、挂点板、脚钉、爬梯。

钢管塔、钢管组合塔部件有：主材、斜材、交叉材、水平材、辅材、连板、肋板、法兰盘、塔脚、挂点板、工作扣环、脚钉、爬梯。

钢筋混凝土杆部件有：杆身、钢板圈、横担、横担拉杆、拉线系统。

钢管杆部件有：杆身、法兰盘、横担、横担拉杆。

(2) 杆塔常见异常表象。

1) 杆塔整体：倾覆；倾斜、挠曲；倒杆、断杆。

2) 杆塔横担：歪斜、扭曲；损坏。

3) 杆塔塔材：缺失、松动；损伤；电弧烧伤；锈蚀；有异物。

4) 杆塔拉线：损伤。

5) 钢管杆、钢筋混凝土杆杆身：损伤；锈蚀。

2. 导地线类

(1) 定义。导线是架空输电线路的重要组成元件，它通过绝缘子串组悬挂在杆塔上，用于输送电能。

地线是在某些杆塔或所有杆塔上接地的导线，通常悬挂在导线上方，对导线构成一保护角，防止导线受雷击。

导线与地线的分类：

1) 圆线同心绞架空导线：在一根中心线芯周围螺旋绞上一层或多层单线（横截面为圆形）组成的导线，其相邻层绞向相反。

型号有：铝绞线、铝合金绞线、钢芯铝绞线、防腐性钢芯铝绞线、钢芯铝合金绞线、铝合金信铝绞线、铝包钢芯铝绞线、铝包钢芯铝合金绞线、钢绞线、铝包钢绞线等。

2) 型线同心绞架空导线：在一根中心线芯周围螺旋绞上一层或多层单线（具有不变横截面且非圆形）组成的导线，其相邻层绞向相反。

3) 镀锌钢绞线：在一根中心线芯周围螺旋绞上一层或多层热镀锌钢丝组成的架空地线，其相邻层绞向相反。

钢绞线按断面结构分为四种：1×3、1×7、1×19、1×37。

4) 光纤复合架空地线：由光纤和保护材料制成的光单元再同心绞和单层或多层单线就形成了光纤复合架空地线，即OPGW。OPGW是一种具有传统架空地线和通信能力的双重功能的线。

(2) 导线与地线的常见异常表象。

1) 导线：

掉线、断线，如图5-2、图5-3所示。

图 5-2　线路断线

图 5-3　线路掉线

粘连、扭绞、鞭击，如图 5-4～图 5-9 所示。

图 5-4　双分裂导线上下子线粘连

损伤（断股、散股、刮损、磨损等）：

图 5-5　线路断股

弛度偏差与温升异常，如图 5-10～图 5-16 所示。

图 5-6　线路散股

图 5-7　电弧烧伤

图 5-8　导线电弧烧伤

图 5-9　导线跳线电弧烧伤

图 5-10　导线弛度偏差

图 5-11　导线跳线子线弛度偏差

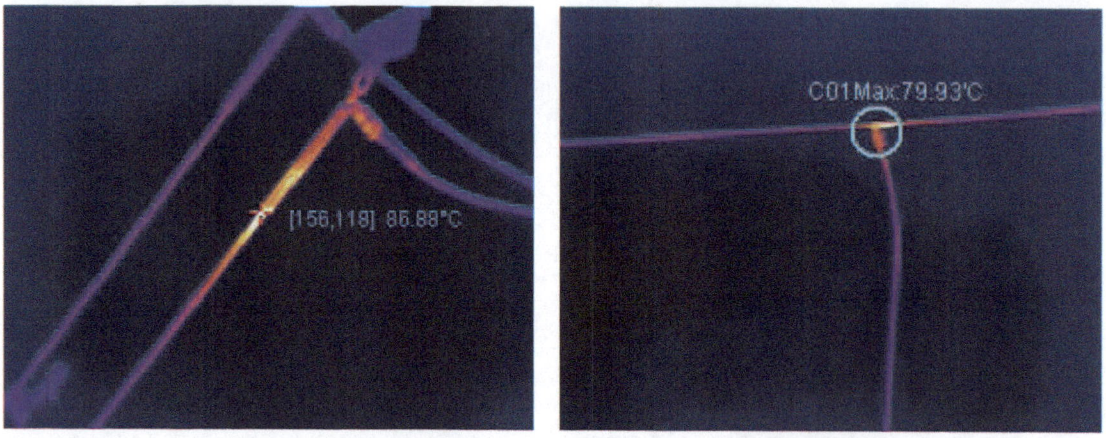

图 5-12　导线温升异常

图 5-13　有异物（漂浮物等）等

图 5-14　导线跳线与横担安全距离不足

图 5-15　导线跳线接触下子线 U 形挂环

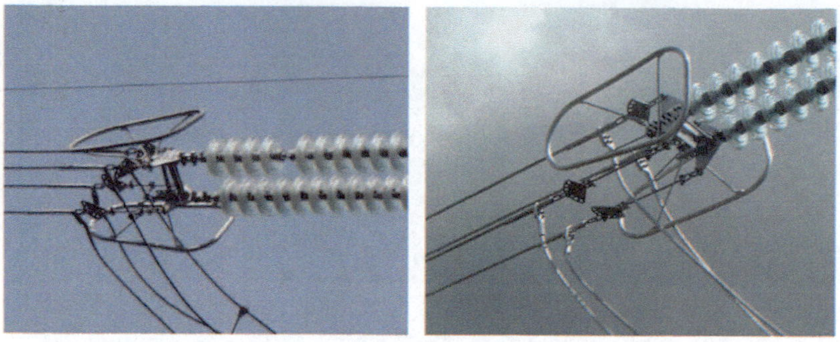

图 5-16　导线跳线穿过均压屏蔽环

2）地线：

掉线、断线，如图 5-17 和图 5-18 所示。

图 5-17　地线断线

图 5-18　地线掉线

损伤（断股、散股、刮损、磨损等），如图 5-19～图 5-28 所示。

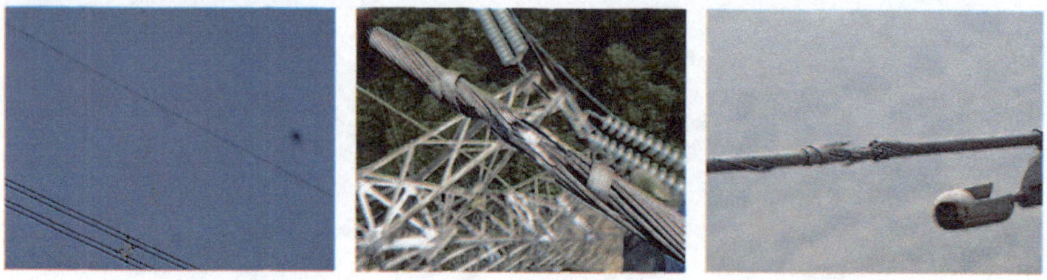

图 5-19　地线断股

图 5-20　地线散股

图 5 - 21　腐蚀、锈蚀

图 5 - 22　电弧烧伤

图 5 - 23　地线（OPGW）上扬

图 5 - 24　地线（钢绞线）上扬

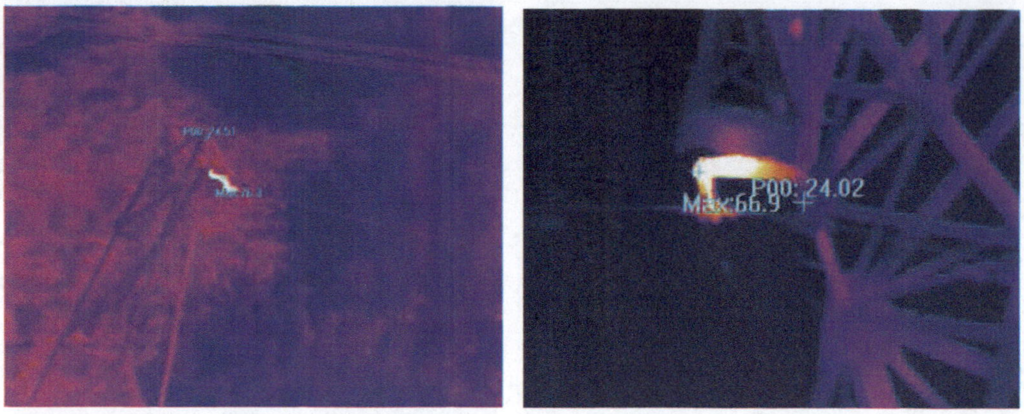

图 5-25　温升异常

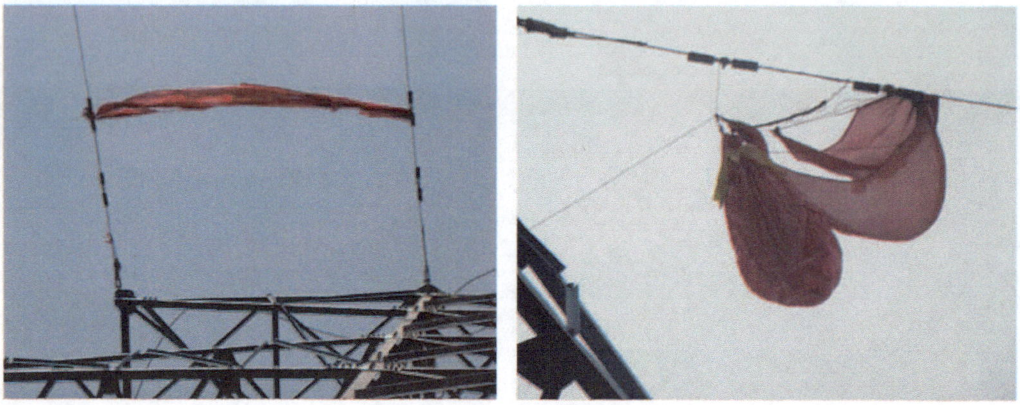

图 5-26　有异物（漂浮物等）等

3）常见导线故障原因分析。

a. 遭受外力破坏如：

a）吊车施工；

b）在电力设施保护区内盲目施工、移动桩机；

c）起吊树木；

d）人为因素等外力破坏。

b. 飘挂物导致跳闸如：

a）帆布条；

b）风筝；

c）塑料条；

d）广告横幅等挂于导线上导致线路跳闸。

c. 自然灾害造成导致跳闸：

a）锌铁皮等物体撞击导线导致线路跳闸；

b）山林失火导致线路跳闸；

c）山泥倾泻、泥石流等地质灾害导致线路跳闸；

d）强烈地震对电力系统造成的破坏。

d. 树障造成导致跳闸：

由于树木生长等原因导致线路跳闸。

4）常见导线故障评级，如表 5 - 4 所示。

表 5 - 4　　常见导线故障评级

缺陷等级	评定标准
紧急缺陷	（1）导、地线断股、损伤，需要切断重接。 （2）拉线断股严重，随时可能造成倒杆。 （3）钢芯铝绞线的钢芯断股。 （4）钢芯铝绞线的铝股，6 股断 3 股及以上，24 股断 10 股及以上，28 股断 12 股及以上，37 股断 11 股及以上。 （5）镀锌钢绞线，7 股断 2 股及以上，19 股断 6 股（3 股）及以上。 （6）架空地线锈蚀严重，7 股断 2 股或断股后散开，有碰及导线可能者。 （7）导线联接点严重发热，导线断扎线。 （8）裸导线上有外物，可能造成短路。 （9）任何导线在断股后散开有可能碰及其他相导线者
重大缺陷	（1）导线上挂有异物，影响安全运行。 （2）钢芯铝线的铝线部分，6 股断 2 股，24 股断 7～9 股，28 股断 8～11 股。 （3）绝缘导线表面有明显损伤。 （4）绝缘导线的绝缘层损伤程度占绝缘层厚度的 10%及以上。 （5）架空地线锈蚀。 （6）导线弧垂过大，造成对地（建筑物）安全距离不足，或大风相间距离不能保证。 （7）杆榙拉线断股或锈蚀严重。 （8）间隔棒歪斜、松动。 （9）分裂导线扭绞。 （10）线路跨越、交叉处的距离不够。 （11）导线弧垂太紧有断线可能者。 （12）导线弧垂太松，在大风中有碰线可能者
一般缺陷	（1）铜铝导线 7 股断 1 股以上，19 股断 2 股及以上，37 股断 5 股及以下。 （2）钢芯铝线（指铝股）6 股断 1 股及以下，24 股断 6 股，28 股断 7 股，导线对接缠线方向不一致及截面不同。 （3）架空地线生锈。 （4）弧垂变化，但尚未影响安全运行。 （5）压接管有严重弯曲，轧头或并沟线夹螺栓锈蚀。 （6）个别接地电阻超标，接地线有一根断裂、被盗

3. 绝缘子类

(1) 定义。

绝缘子：供处在不同电位的电气设备或导体电气绝缘和机械固定用的器件。

绝缘子串：两片或多片绝缘子组合在一起，柔性悬挂架空线导线。绝缘子串主要承受张力。

绝缘子串组：一串或多串绝缘子串组合在一起，带有固定和运行需要的保护装置。

悬垂绝缘子串组：带有全部金具和附件，悬挂一条导线或分裂导线的绝缘子串组。

耐张绝缘子串组：带有全部金具和附件，承受一条导线或分裂导线张力的绝缘子组。

地线绝缘子：架空地线绝缘和支持用的绝缘子，通常由绝缘子元件和放电间隙两部分组成，放电间隙由通过螺栓固定在绝缘子元件上的电极构成。

绝缘子的分类：

1) 瓷质线路柱式绝缘子；

2) 瓷质盘形悬式绝缘子；

3) 瓷质长棒形绝缘子；

4) 玻璃盘形悬式绝缘子；

5) 复合线路柱式绝缘子；

6) 复合长棒形绝缘子等。

(2) 绝缘子在运行中老化损坏的主要原因有电气的、机械的、气候影响、大气污秽以及绝缘子本身的缺陷等复杂地交叉作用而引起的，因此呈现的异常现象也是多种多样的，其常见异常表象：

1) 瓷质绝缘子：串组掉串、脱开；损伤；电弧烧伤；端部金具锈蚀（钢帽、钢脚、放电间隙金具锈蚀）；绝缘子串组倾斜；温升异常。

2) 玻璃绝缘子：串组掉串、脱开；损伤；电弧烧伤；端部金具锈蚀；绝缘子串组倾斜；温升异常。

3) 复合绝缘子：串组掉串、脱开；损伤；电弧烧伤；端部金具锈蚀；绝缘子串组倾斜；温升异常。

当发现有上述缺陷的绝缘子时，应针对具体情况分析研究、安排时间处理。对于瓷质裂纹、破碎、瓷釉烧坏、钢脚和钢帽裂纹及零值的绝缘子，应尽快更换，以防止事故发生，如图 5－27～图 5－31 所示。

图 5-27　串组掉串、脱开；损伤

图 5-28　电弧烧伤

图 5-29　绝缘子串组倾斜

图 5 - 30　温升异常

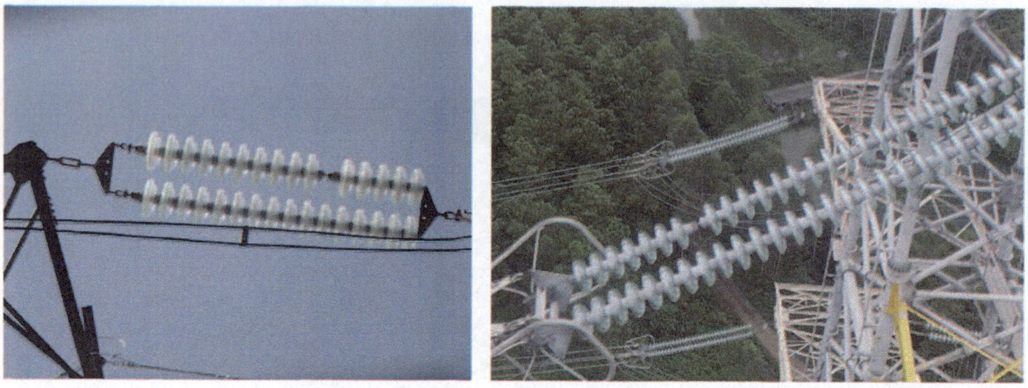

图 5 - 31　绝缘子伞裙自爆

4. 金具类

（1）定义。电力金具是连接和组合电力系统中各种装置，起到传递机械负荷、电气负荷及某种防护作用的金属附件。

（2）金具的分类。

1）悬垂线夹：将导线悬挂至悬垂串组或杆塔的金具。

悬垂线夹分类有：U 形螺丝式悬垂线夹、带 U 形挂板悬垂线夹；带碗头挂板悬垂线夹、防晕型悬垂线夹、钢板冲压悬垂线夹、铝合金悬垂线夹、跳线悬垂线夹、预绞式悬垂线夹等。

2）耐张线夹：用于固定导线，以承受导线张力，并将导线挂至耐张串组或杆塔上的金具。

耐张线夹分类有：铸铁螺栓型耐张线夹、冲压式螺栓型耐张线夹、铝合金螺栓型耐张线夹、楔型耐张线夹、楔型 UT 形耐张线夹、压缩型耐张线夹、预绞式耐张线夹等。

3）连接金具：用于将绝缘子、悬垂线夹、耐张线夹及保护金具等连接组合成悬垂或耐张串组的金具；

连接金具分类有：球头挂环、球头连棍、碗头挂板、U 形挂环、直角挂环、延长环、U 形螺丝、延长拉环、平行挂板、直角挂板、U 形挂板、十字挂板、牵引板、调整板、牵引调整板、悬垂挂轴、挂点金具、耐张联板支撑架和联板等。

4）接续金具：用于两根导线之间的接续，并能满足导线所具有的机械及电气性能要求的金具；

接续金具分类有：螺栓型接续金具、钳压型接续金具、爆压型接续金具、液压型接续金具、预绞式接续金具等。

5）保护金具：用于对各类电气装置或金具本身，起到电气性能或机械性能保护作用的金具；

保护金具分类有：预绞式护线条、铝包带、防振锤、间隔棒、悬重锤、均压环、屏蔽环、均压屏蔽环等。

（3）金具的常见异常表象：

a）悬垂线夹：移位、脱落；部件松动、缺失；腐蚀、锈蚀；电弧烧伤；损伤；温升异常等。

b）耐张线夹：移位、脱落；部件松动、缺失；腐蚀、锈蚀；电弧烧伤；损伤；温升异常等。

c）连接金具：移位、脱落；部件松动、缺失；腐蚀、锈蚀；电弧烧伤；损伤；温升异常等。

d）接续金具：移位、脱落；部件松动、缺失；腐蚀、锈蚀；电弧烧伤；损伤；温升异常等。

e）保护金具：移位、脱落；部件松动、缺失；腐蚀、锈蚀；电弧烧伤；损伤；温升异常等。

5. 通道巡查类

（1）定义。输电线路环境是指通道外已经或可能对输电线路设备产生影响的环境变化。

输电线路通道是指《电力设施保护条例》以及《电力设施保护条例实施细则》界定的电力线路保护区范围，输电线路保护区指导线边线向外侧水平延伸一定距离，并垂直于地面所形成的两平面内的区域。

（2）通道与环境常见异常表象。

1）线路通道树木异常：树木与导线安全距离不足；有人种植可能危及线路安全的植物。

2）线路通道有建（构）筑物：有平整土地等搭建建（构）筑物的迹象；有新建建（构）筑物。

3）线路通道有机械施工：机械施工；跨（穿）越物施工；堆放物品等。

4）线路环境变化异常：施工影响（采石、开矿、钻探、打桩、地铁施工等）；射击打靶；新增污染源或污染源污染排放加重；人为设置漂浮物（气球、风筝、不牢固的农作物覆膜、不牢固的遮阳网、垃圾回收场等）；河道、水库水位变化等。

5）巡线通道变化异常：巡视道路、桥梁损坏。

6. 防雷设施与接地装置类

(1) 定义。

接地：在系统、装置或设备的给定点与局部地之间做电连接。

雷电保护接地：为雷电保护装置（避雷针、避雷线和避雷器等）向大地泄放雷电流而设的接地。

接地极：埋入土壤或特定导电介质（如混凝土或焦炭）中与大地有电接触的可导电部分。

接地系统：系统、装置或设备的接地所包含的所有电气连接和器件。

接地装置：接地导体（线）和接地极的总和。

接地网：接地系统的组成部分，仅包括接地极及其相互连接部分。

集中接地装置：为加强对雷电流的散流作用、降低对地电位而敷设的附加接地装置，敷设 3～5 根垂直接地极。在土壤电阻率较高地区。则敷设 3～5 根放射形水平接地极。

交流输电线路用复合外套金属氧化物避雷器：并联连接在线路绝缘子的两端，用于限制线路上的雷电过电压的复合外套金属氧化物避雷器，简称线路避雷器。

线路避雷器本体：由金属氧化物电阻片和相应的零部件及复合外套组成，与外串联间隙一起构成整只带间隙避雷器，是带间隙避雷器的一部分，简称避雷器本体。

外串联间隙：是带间隙避雷器的一部分，与避雷器本体串联组成整只带间隙避雷器，简称间隙。间隙分为带支撑件间隙和不带支撑件间隙。

带支撑件间隙：由两个分别固定在复合绝缘支撑件两端的电极组成。

不带支撑件间隙：也称为空气间隙，由两个电极组成，一个电极固定在避雷器本体高压端，另一个电极固定在输电线路导线上或绝缘子串下端。

复合绝缘支撑件：用于固定外串联间隙电极，其材料为复合材料，是带支撑件间隙避雷器外串联间隙的一部分，简称支撑件。

监测装置：避雷器用监测器和避雷器用放电计数器的总称。

复合接地体：一种由导电非金属材料、电解质材料、化合填充物组成的，能明显降低工频接地电阻和抵抗土壤中水分、盐、酸、碱等因素侵蚀的新型接地体。

（注：非金属材料指以非金属材料为主的材料，而不管其表面是否有铜、镍等合金；金属材料外附导电的非金属材料也视为非金属材料。）

(2) 防雷设施与接地装置的分类 。

a. 防雷设施：避雷针、避雷线、接闪器、线路避雷器等。

b. 接地装置：地线引流线、接地引下线、接地网、复合接地体。

（3）防雷设施与接地装置的常见异常表象。

a. 防雷设施：脱落；腐蚀、锈蚀；损伤；

b. 接地装置：损伤；电弧烧伤；锈蚀。

四、 故障巡检

1. 外力破坏或雷击导线所致故障的巡视

（1）选取合适的云台角度与飞行方位的选取。

1）作业风险分析：导线巡检作业是难度较高的一项巡检作业，导线发生跳闸后，重合闸成功的线路处于带电状态，受电磁干扰，无人机近距离随时可能转为姿态模式，无人机很有可能发生撞击导线坠毁的情况。

2）飞行方位：无人机应位于导线的斜上方，垂直高度1～2m左右，水平距离保持2～4m之间。发生外部干扰时，无人机可从导线上方通过，而不会发生碰撞。

3）云台角度：调整为15°～45°之间，无人机的整体视角应相对导线呈俯视状态，如图5-32所示。

图5-32 飞行器距离示意

（2）作业背景选取。

1）作业背景选取原因：长期运行的线路，导线表面会出现氧化层，使得导线呈灰黑色，在飞行过程中受背景干扰的因素影响，很可能丢失目标，发生碰撞坠机事故。

2）作业背景选取的基本原则：为便于捕捉目标，保证飞行参照物。飞行背景在有条件的情况下应优先选取农田、鱼塘、树林等与导线颜色反差较大的景观作为飞行背景，而不应选择沥青马路，房屋建筑等颜色反差较小的景观作为飞行背景。

3）全新导线特征明显，保证云台角度即可，如图5-33所示。

图 5-33　新旧导线对比

(3) 单相一档导线巡视注意事项。

1) 机头朝向：无人机机头航向应垂直于导线方向。

2) 水平移动速度：水平移动速度不应超过 3m/s，过快的移动速度容易错过故障点，且安全距离难以保持，易发生安全事故。

3) 安全距离：无人机与导线至少保持 2m 以上的安全距离，但距离不应大于 5m，否则部分微小的缺陷难以在平板监视器上发现。同时无人机与导线的垂直距离不应小于 1m，如图 5-34 所示。

4) 随时警惕无人机受电磁干扰转变为姿态模式，一旦出现提示，第一时间操作无人机后退，远离导线，待无人机稳定后再行接近。

图 5-34　巡线过程中需保持与导线 2m 以上距离

导线巡检过程中，注意力应保持高度集中，时刻注意调整无人机姿态，保持与导线的相对距离。因无人机机头垂直于线路走向，当危险情况发生时，向后打方向操纵杆，即可快速远离设备。

2. 雷击绝缘子、跳线故障的巡视

(1) 悬垂串。

1）悬垂绝缘子。雷击痕迹常见部位，如图 5－35 所示。

a. 绝缘子串顶部：绝缘子串顶部伞群，绝缘子串挂点（概率较大）。

b. 绝缘子底部：绝缘子底部伞群，绝缘子串底部均压环，悬垂线夹（概率较大）。

c. 绝缘子串邻近导线以及防震锤（概率较小）。

d. 故障相的下相横担（概率较小），如图 5－36 所示。

图 5－35　雷击绝缘子类型示意图

图 5－36　绝缘子雷击、自放电等缺陷

2）巡检方法。

a. 保持安全距离：应与设备保持 2m 以上安全距离，雷击痕迹如出现在伞群上较易发现，如图 5－37 所示。

图 5－37　巡线过程中需保持与导线 2m 以上距离

b. 巡检路径：由挂点开始，保持距离，垂直向下巡检绝缘子串本体、线夹等设备，然后从左至右巡检两侧导线（导线作业范围，以绝缘子串为中心向两侧各延伸 10m），如图 5－38 所示。

图 5－38　巡线过程

c. 云台角度，需根据现场背光情况调整，活动范围 0°～45°。

d. 因绝缘子雷击属于重大事件，按照规定须马上进行汇报及更换。故注意在巡检过程中如若发现明显的雷击故障点，可以随时终止剩余部分巡视。

e. 悬垂绝缘子串的巡检过程。在拍照的黑屏过程中，务必要有将无人机向后拉的动作，以免在黑色 1s 的过程中发生碰撞事故。

（2）耐张串。

1）耐张串雷击常见部位。根据《南方电网设备标准缺陷知识库》记录，耐张串雷击常见部位有耐张线夹、玻璃绝缘子串、绝缘子串挂点、跳线、支撑绝缘子，如图 5-39 所示。

图 5-39　巡线过程中出现雷击点

无人机应与线夹保持水平 2m，垂直 1m 的安全距离，无人机相对线夹呈俯视的视角，完成线夹拍摄后，可继续对连板进行检查，如图 5-40 所示。

图 5-40　巡线过程中需保持与导线 2m 以上距离

2）耐张串绝缘子的巡视方法。

a. 由于玻璃绝缘子绝缘电阻较大，耐张串一旦发生雷击，雷击痕迹不是十分明显，且闪络通道是沿电阻最低的路径前行，而这条路径可能由多片绝缘子的不同半面组成。因此无人机必须全方位拍摄绝缘子串的照片才能获取完整的放电通道。

b. 飞行方位：无人机应位于绝缘子上方 1m 的高度，视角呈俯视，云台角度可在 30°～90°。可以飞至绝缘子正上方垂直向下拍摄照片。

c. 注意在巡检耐张串时，无人机可能受上相跳线负荷电流干扰而转换成姿态模式，一旦模式切换请立即拍照并离开绝缘子串，如图 5－41 所示。

图 5－41　耐张串绝缘子的巡视示意

（3）跳线。

跳线的巡视方法。跳线串的巡视，无人机应为于跳线的斜上方，与跳线保持水平 2m，垂直 1m 的高度，切记不可穿越至跳线与绝缘子串组成的间隔之中去，否则无人机受横担与绝缘子串的遮挡，很有可能失去 GPS 信号而转入姿态模式，再加上气象条件的干扰，很可能发生坠机事故。在飞行过程中可适当旋转机头，调整与跳线之间的视角，全方位的巡检跳线。跳线的通常巡检路径如图 5－42 所示。

图 5 - 42　绝缘子巡检过程示意

五、 特殊情况下飞行器的应急飞行操作技巧

1. 飞行器与被测物体距离判断（如表 5 - 5 所示）

（1）按照预设每个玻璃绝缘子长度为 170mm，半径为 300mm 计算，通过调查 220kV 电路需要 14～16 片绝缘子，500kV 电路需要 28 片绝缘子。忽略绝缘子穿挂点所需重叠长度，则可以计算出 220kV 所需绝缘子长度为 2.72m 左右，500kV 长度为 4.76m 左右。通过实地图像比对，当打开网格线及对角线后，图传区域被分为 9 块区域，此时可以看到，黄色长尺长度为 300mm，黑色方块宽度为 500mm，即可得出，飞行器距离待测物体 1m 时，图传上每格宽度为 300mm，这一高度为无人机巡检距离物体最小距离，若飞行器再度接近导线或其他部件，则有可能会因为电磁干扰等使飞行器指南针数据错误，发生撞击导线坠毁的情况，如图 5 - 43～图 5 - 45 所示。

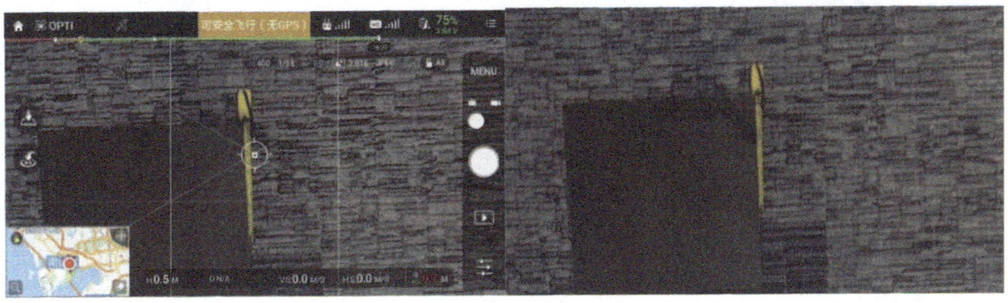

图 5 - 43　飞行器距离待测物体在 0.5m

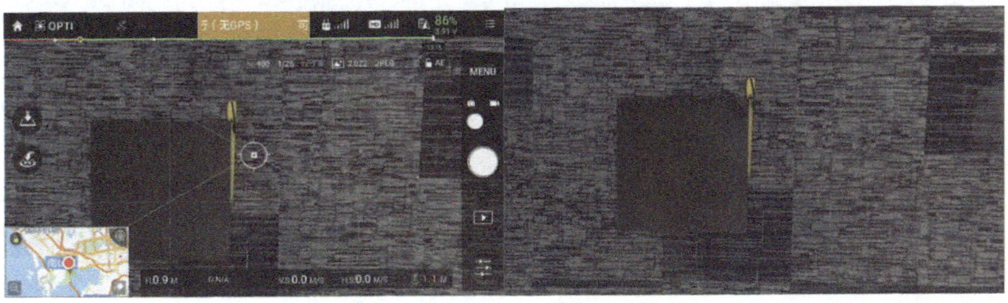

图 5 - 44　飞行器距离待测物体在 1.0m

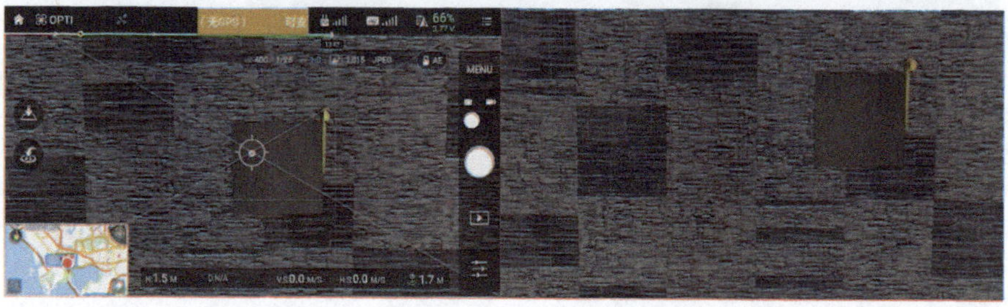

图 5 - 45　飞行器距离待测物体在 1.5m

（2）按照测量数据 220kV 线路共 16 个绝缘子长度 2.72m 时，当需要拍摄绝缘子串时，当飞行器图传窗口完成 2.72m 长度拍摄需求时（两黑块同时在同一画面内），飞行器距离物品为 2m。故在日常巡视过程中，巡视 220kV 全貌时，飞行器均保持在 2m 或更远处，此时飞行器处于可拍摄全貌的极限位置，但飞行器此时处于安全飞行状态，但依然需要留意电磁干扰等使飞行器指南针数据错误，发生撞击导线坠毁的情况，如图 5 - 46 所示。

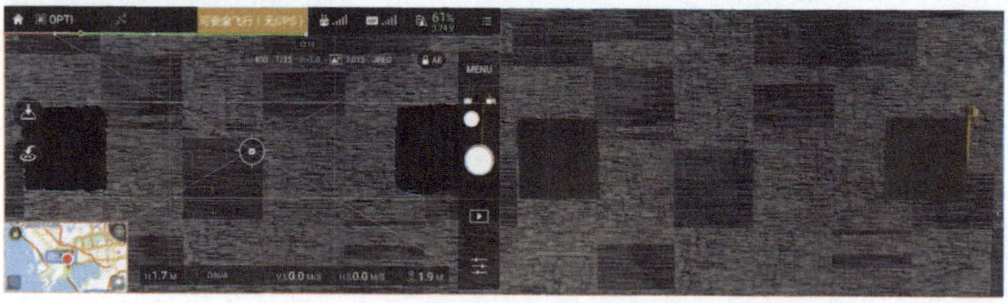

图 5 - 46　此时飞行器距离待测物体 2.0m（拍摄物体长度 2.72m）

（3）按照测量数据 500kV 线路，此时绝缘子个数增加至 28 个，长度为 4.76m，当拍摄绝缘子串时，当飞行器图传窗口完成 4.76m 长度拍摄需求时（两黑块同时在同一画面内，此时两黑块相距 4.76m），飞行器距离物品为 3m。故在日常巡视过程中，巡视 500kV 全貌时，飞行器只需要保持在 3m 或更远处，即可拍摄绝缘子全貌，此时飞行器处于可拍摄全貌的极限位置，但飞行器此时处于安全飞行状态，但需要时刻监视图传注意无人机发生漂移进入电磁干扰区域引起的异常情况，如图 5 - 47 所示。

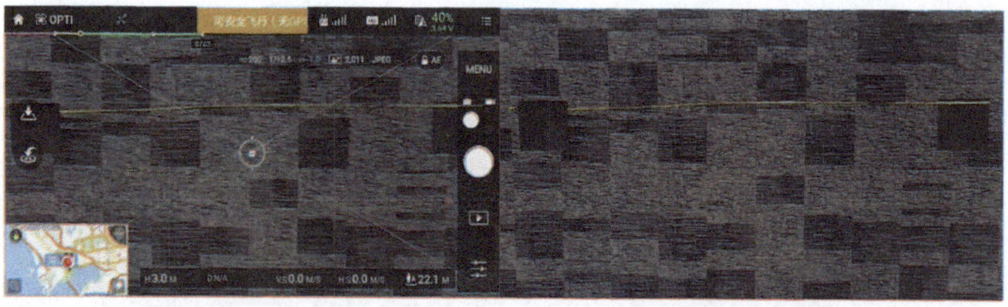

图 5 - 47　此时飞行器距离待测物体 2.0m（拍摄物体长度 4.76m）

表 5-5　　飞行器与被测物体距离判断

距离飞行器距离	被测物体长度（mm）	图传显示占比
0.5m	300mm	2 倍单格宽度
1.0m	300mm	1 倍单格宽度
1.5～3.5m	300mm	0.5 倍单格宽度
2m	2720mm	图传满屏幕
3m	4760mm	图传满屏幕

2. 磁罗盘错误及 GPS 数目骤降导致无人机发生飘移的飞行技巧

磁罗盘错误。磁罗盘是飞行器正常飞行的前提，负责为飞行器提供方位信息。地磁信号的特点是使用范围大，但是强度较低，甚至不到 1 高斯（电机里面的钕铁硼磁铁可达几千高斯），所以其非常容易受到其他磁体的干扰。铁磁性的物资都会对磁罗盘产生干扰，例如大块金属、高压电线、信号发射站、磁矿、停车场、桥洞、带有地下钢筋的建筑等。但由于工作行业需要，飞行器将会在高压电线、带有钢筋的建筑（如铁塔）等恶劣环境下进行飞行巡线工作。此时飞行器磁罗盘工作将会受到极大的干扰。

当巡检过程中，飞行器显示磁罗盘错误时，飞行状态将显示为红色，同时飞行器 LED 状态显示灯会以红黄交替闪烁提醒此刻飞行器状态，如图 5-48 所示。

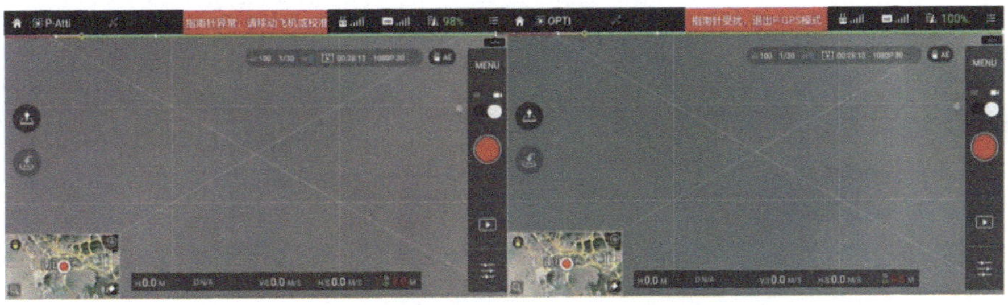

图 5-48　磁罗盘干扰情况下 Dji go APP 显示情况

当飞行器显示磁罗盘异常时，此时飞行器无法准确辨识飞行器机头，同时飞行器会出现定位不准、飞行飘移等情况。请注意此时飞机并非处于失控状态，只是飞行器磁罗盘数据错误，飞控在检测到磁罗盘数据异常时，会主动剥离磁罗盘数据（仅 phantom 3 以上机型）。

此时飞行器须马上远离导线或基塔，防止飞行器飘移撞击导致基塔及导线受损，巡视时应按照规定使飞行器位于巡视部位上方 1～2m，距离线塔 4～5m 距离，则当干扰发生时，操控者有充分的时间确定飞行器位置以及及时调整飞机姿态，远离干扰源。

具体操作方法：

1）通过 Dji go APP 画面观察飞行器具体位置，判断飞行器此时机头方向。

2）若飞行器距离铁塔较远，可调整飞机机头方向，调节到垂直线行方向。

3）若飞行器距离铁塔较近，请按照远离铁塔的方向快速拨动摇杆，使飞行器远离输电设施。

4）向后拉动遥控前后杆使飞机向后移动同时推动油门使飞行器上升，飞行器向后抬升，远离基塔。

5）向后拉升至远离基塔后，飞机有无消除磁罗盘警告：若警告消除，则可以恢复工作状态继续进行巡检工作；若警告依然存在，请调节飞行器飞行模式为姿态模式，手动控制飞行器沿手机APP地图的飞行轨迹返回起飞点进行飞行器检查。

飞行器磁罗盘数据异常时飞行器飘移会有不定向性，对线网安全造成较大的安全隐患，故必须对此引起相应的重视。对于经常产生干扰的部分（如变电站、增压站附近站点），可使用携带有D-RTK机型的飞行器进行巡视，提高工作效率、增强巡检安全。

3. 超视距飞行情况下飞行器飞行技巧

超视距后，飞行器姿态无法用肉眼观察，但是可以在监视屏幕上（Dji go APP）姿态球上观察飞行器姿态以及朝向。在超视距飞行过程中，请时刻留意飞行器电量与各个遥控信号（包括图传信号）的稳定，防止由于飞行器低电量而引起的迫降以及失去信号时引起的返航行为，所以请在飞行前设定好返航高度，以免飞行器在返航过程中遇到障碍物导致的撞击事故。

在巡检过程中，由于飞行器起飞点距离该巡检塔的距离相对较远，且在工作时距离铁塔的距离较小，可能会在巡检时无法用肉眼观察清楚其飞行器的姿态。此时操控者更应该专注监视屏幕上飞行器图传的实时显示，除此之外应该了解数字图传会有相对的延迟时间以及需要操控手养成超前3s以上的预判意识，以免飞行器由于图传延时导致撞塔事故。

飞行器由于工作原因需要进行超视距飞行时，在完成巡检工作需求返航时，很容易因为无法捕捉姿态而越飞越远，最终导致撞塔或者电力不足导致飞行器无法返回起飞地点。故可以在返航时，点击Dji go APP小地图切换显示至飞行器姿态球，姿态球除了显示当前飞行器实时姿态外，还可显示飞行器目前方向与返航点的标示，方便操控者在返航时更加方便的辨识飞行器方向，比沿飞行路径飞行能有更直接的飞行路径，如图5-49所示。

但在返航飞行过程中，请留意飞行路程中的障碍物躲避，避免飞行中产生撞碰等事故发生。

4. 超远视距飞行后飞行注意

在飞行器长距离（超视距）飞行过程中，需要时刻留意飞行器图传信号所标志信号强度有无出现高低跳动（外接HDMI屏幕时更易发现，移动设备可观察强度条颜色是否红白交替闪烁），此时证明飞行器处于信号不稳定阶段，或图传信号受到干扰。当此情况发生后，需要时刻注意飞

图 5-49　Dji Go APP 屏幕右下方姿态球示意

行器高度并保持飞行器与遥控器天线处于信号最强面、之间无明显障碍物遮挡，保证信号传输正常。此时操控飞行器巡检铁塔时应尽量减少飞行器低于树木高度，改为多使用相机仰俯使飞行器视觉能看到更多部分。防止飞行器受遮挡物影响发生图传信号中断等情况发生，导致无法观察飞行器位置与姿态后飞行器发生撞塔等事故的发生。

若发生失去图传且因为失去图传而产生的飞行器撞塔事故后，若飞行器并无因为高空坠下导致飞行器电池甩出，此时可根据飞行器现在所在的位置，在 Dji Go APP 上地图显示功能，按照地图进行飞行器搜索。此时飞行器所在位置环境、飞行器损伤等情况未知，此时切勿进行电机解锁，以免产生更严重的飞行事故。

若飞行器因其他原因导致飞行器断电，或已与遥控器断开连接，因连接断开而无法确定飞行器实时位置，此时请在 Dji Go APP 上进入用户账户界面，选择此次飞行的轨迹，调节到进度条到最后确定飞行器最后一刻飞行坐标，在导航软件（如 Google earth 等）中输入飞行器坐标，待得出准确地点后再前往飞行器地点进行寻找。

第三节　无人机巡检作业标准

一、 机巡职责与分工

按照《南方电网“十三五”输电线路“机巡＋人巡”协同巡检推进方案》建议，无人机巡检应具有安全，高效，全面，快捷的四大原则，而巡检过程中发现，无人机巡检由于山林地势的原因，往往无法到达地面对塔基等部位进行巡查，过低的飞行高度也会因飞行难度的增加，对工作效率产生较为明显的影响。故巡检过程中，应采用以下巡视方法，使用“人巡＋机巡”分工的有机结合，从而提高巡检效率，减轻人工巡检工作强度。机巡同时分为固定翼、直升机及多旋翼巡检等，如表5－6所示。

表5－6　推荐巡检方式

序号	项目			推荐巡检方式
1	巡视	日常定期巡视	基础、接地装置、附属设施及导线以下塔身	人巡
			导地线、绝缘子、金具、塔头、线路通道环境	多旋翼、直升机
2		动态巡视	针对防雷击区、防鸟害区、防污闪区、防树障区、防外力破坏区、防山火区、防风防汛区、防覆冰区等特殊区段，根据季节性特点和现场条件启动。夜间防污特巡由人工完成。大面积自然灾害后灾情巡视，以直升机、固定翼无人机巡视为主	直升机、固定翼
3		故障巡视	线路故障后快速查线	多旋翼
4	检测	导地线	导线弧垂、对地距离、交叉跨越距离测量	直升机、多旋翼
5		绝缘子	复合绝缘子红外测温	
6		金具	连接金具红外测温	
7		杆塔	杆塔倾斜、挠度测量	人巡
8		基础	基础沉降测量	
9		防雷装置及接地装置	接地电阻测量	
			开挖检查接地引下线和接地体腐蚀程度和连接情况	
10	维护检修	人工开展为主		

精细化巡检要求。由于精细化巡检对操控人员的能力以及飞行器续航能力的需求较大，故工作效率会因为需求而降低，由于无人机精细化巡检耗时，耗精力，在输电线路日常巡检过程中全面应用精细化巡检模式，对设备对人都是极大考验，因此精细化巡检应有计划，分批次的开展。

建议每个巡视周期中：

1）对线路20％的杆塔进行抵近精细化巡视。

2）每半年完成所巡线路的一次无人机精细化巡检作业。

二、出发准备

1. 电池管理

在每天的日常巡检出发前，参与无人机巡线的人数和行李数相对较多。其中，行李除了包含巡线所需要的相关设备以外，还有飞行器额外的配件等，故巡线人员应提前为飞行电池充电，同时保证出发前所携带的电池电量已充满并电池处于健康状态，此时可通过制作checklist用于触发前检查，避免长途跋涉后因为准备未充分导致的工作量骤降的情况，同时把记录人及领用人记录下来，保证工作落实到个人，如表5－7所示。

表 5－7　电池充电取用记录表

电池编号	电量充满（电量，%）	检查人/签收人
电池 01	满电　　%	
电池 02	满电　　%	
电池 03	满电　　%	
电池 04	满电　　%	
电池 05	满电　　%	
……	满电　　%	

2. 机况检查

飞行器由于巡检的次数较高，使用强度较大，故飞行前做好飞行器状态检查是必要的，由于飞行器隐患导致飞行器坠毁、丢失及损坏，均需要到达坠毁地点寻找，并送回维修，此项均会耗费大量的人力，故对飞行器的日常检查非常重要。此类检查可按每周一次进行，确保飞行器时刻在健康良好的状态，对巡检工作的效率提供保障，故操控员每周出发前，需要检查飞行器状态是否良好，避免飞行过程中飞行器隐患导致不必要的损失或故障，如表 5－8 所示。

表 5－8　飞行器状态检查表

检查部分	检查要求	状态	检查人
机身	机身无异响、裂痕		
	脚架无折弯、变形		
云台（未通电）	云台减震锁扣完好		
	云台活动良好		
	减震球完好无裂痕		
电机	未通电情况下转动良好		
	转动情况下无杂音		
	防脱锁扣安装稳妥		
云台	自检通过与否		
	机身储存是否清空/保存		
……	……		

3. 巡检选址

飞行器巡检前，选择适合的起飞地点对飞行器进行巡检作业的效率起到至关重要的作用，挑选好的飞行起点需要有以下几点：

（1）控制选址点距离最远铁塔 1.5km 内，且能在视距内观察到 3 个或以上铁塔为佳。

（2）起飞环境请尽量远离干扰环境如：钢筋混凝土、钢制铁架、大块金属、信号发射站、磁矿、停车场、桥洞、带有地下钢筋的建筑。

（3）确保所巡检的基塔在视距范围内，且飞行轨迹中无障碍物遮挡。

（4）巡检作业半径：受续航以及 2～4G 的信号特点的影响，作业半径不应超过 2.5km，电池电量降至 35%～40%的区间内，应考虑立即全速返航，以免触发低电量强制降落，导致无人机丢失。

三、 日常巡检

（1）飞行安全距离。根据《南方电网多架空线路旋翼无人机巡检作业指导书》规定，日常巡视应与设备保持至少 8m 的安全距离，但最大距离不应超过 15m。

（2）长距离大跨度飞行过程中，遥控器天线务必得指向无人机当前所在飞行方向。

（3）无人机的巡检路径：应以地线为参照开展档中线行巡视作业。

（4）无人机日常巡视的到位标准。

1）飞行器起飞后，先将飞行器爬升所巡检基塔高度以上至少 10m，再进行巡线工作。

2）档中线行巡视到位标准：通过 Dji Go APP 屏幕下方距离显示，观察飞行器每飞行 100m 拍摄线行照片 2 张，拍摄照片应视野宽阔，全面反映线路运行环境。巡检速度不应超过 7m/s。若通过实时图传发现导地线存在飘挂物、鼓包、散股等异常状况，应抵近进行近距离检查，检查方法参照导线故障巡视方法。

3）杆塔巡视到位标准。每基杆塔的机巡图片不应少于 6 张，如图 5－50～图 5－55 所示。

图 5－50　杆塔全貌

第一张：杆塔的全貌，可以完整看到杆塔所处的环境。

第二张：塔头照片，包含地线金具、防震锤等设备。

第三张：巡检行进方向左侧绝缘子串的全貌，要求每一相绝缘子总成拍成一张照片，若线塔有上、中、下三相，则拍摄 3 张照片，如图 5－52 所示。

图 5－51　塔头照片

图 5－52　左侧绝缘子串全貌

第四张：在飞行器左侧飞往右侧时，抬升到塔顶后沿导线向下一塔拍摄线行照片。

第五张：右侧绝缘子串的全貌，要求每一相绝缘子总成拍成一张照片，若线塔有上、中、下三相，则拍摄 3 张照片，如图 5－53 所示。

图 5－53　右侧绝缘子串全貌

第六张：所有回路检查完成后，拍摄塔基进行塔牌、标示牌检查。巡检过程中如若发现异常，可采用查找雷击故障的抵近巡检法，进行近距离检查，如图 5－54 所示。

图 5-54　塔牌、标示牌检查

如若巡检塔附近有较高的树木遮挡、图传出现较明显的卡顿情况时，下相的拍摄可在中相拍摄完成后，调节云台角度，俯视拍摄，如图 5-55 所示。不同线路类型的至少拍摄照片张数如表 5-9 所示。

图 5-55　俯视拍摄

表 5-9　　不同线路类型的至少拍摄照片张数

线路类型	至少拍摄照片张数
单回双相	7
单回三相	8
双回双相	9
双回三相	11

（5）巡塔顺序。遵循“从小到大、从左到右、从上到下”原则：

1）“从小到大”：按照铁塔牌号，从小号塔按顺序向大号塔方向巡检。

2）“从左到右”：按照铁塔侧，从小号侧观察基塔，分为左、右侧，飞行器需巡检完左侧地线、绝缘子等部件后，再巡检右侧部件。

3）“从上到下”：按照铁塔部件分布高度，巡检需要从基塔上方（地线）向下方（下相绝缘子）进行巡检。

四、 精细化巡检

精细化巡检应有计划、分批次的开展，建议每个巡视周期中，对线路20%的杆塔进行精细化巡视，每半年完成所巡线路的一次无人机精细化巡检作业。

1. 无人机日常精细化巡检到位标准

（1）飞行器起飞后，先将飞行器爬升所巡检基塔高度以上至少10m，再进行巡线工作。

（2）杆塔巡视到位标准：每基杆塔的机巡图片不应少于7张。

2. 直线塔

（1）拍摄杆塔的全貌。

（2）塔头部分应由至少2张照片组成，分别是两侧地线金具、防震锤。

（3）绝缘子串，每相悬垂绝缘子串应由至少3张照片组成，分别是绝缘子全貌、绝缘子挂点、悬垂线夹（要求每一相绝缘子总成拍成一张照片，若线塔有上、中、下三相，则拍摄3套照片）。

（4）线塔基础。拍摄数目与塔型，如表5－10所示。

表5－10　拍摄数目与塔型

线路类型	至少拍摄照片张数
单回双相	11
单回三相	14
双回双相	17
双回三相	22

3. 耐张塔

（1）塔头部分同样是由3张照片组成。

（2）每相耐张串由至少7张照片组成，如表5－11所示。

表 5-11　　　　　　　　　　　　　　　　　耐张塔照片

耐张串全貌	
大小号侧耐张线夹	
大小号侧玻璃绝缘子串	
大小号侧绝缘串挂点	

大小号侧跳线绝缘串挂点	
大小号侧跳线悬垂线夹	

（3）所有回路检查完成后，拍摄塔基进行塔牌、标示牌检查。

（4）拍摄数目与塔型，如表 5－12 所示。

表 5－12　　拍摄数目与塔型

线路类型	至少拍摄照片张数
单回双相	18
单回三相	24
双回双相	30
双回三相	42

五、应急情况处置方法

应急情况处置方法如表 5－13 所示。

表 5－13　　　　　　　　　　　　　　**紧急情况处理方法**

紧急情况	处理方法
降落时姿态不稳导致坠地	进行飞行器紧急停机 摇杆内八字（精灵 3） 油门杆内八十一键返航（精灵 4）
飞行器过近导致撞击铁塔、导线	先对飞行器进行紧急停机，然后联系当地供电局启动清除铁塔异物程序进行爬塔清除
飞行器巡检时撞树	进行紧急停机之后，查看 Dji Go APP 内飞行器轨迹，确定最终飞行器位置进行寻找
飞行器落水	同上
图传信号丢失	1. 调整天线，使天线朝向飞行器。 2. 检查飞行器图传信道，更换到干扰较少的信道
磁罗盘数据错误	控制飞机远离铁塔，高压线等干扰

第六章

无人机应用实例

学习目标

在学习了无人机作业的各种理论和规章制度后，本章将通过几个具体事例对无人机在线路巡查以及线路抢修等方面的作用进行分析，从事例中得出无人机巡查的特点、优势和亟待发展的地方。

第一节　快速巡查输电线路

一、无人机巡查特点

利用无人机进行电力巡检，最显而易见的就是快，无人机可以飞在天上，不用像传统的巡检方式那样，走进深山爬上爬下。特别是对于电力线路穿越原始森林边缘地区、高海拔、冰雪覆盖区，有些沿线存在频繁滑坡、泥石流等地质灾害，大部分地区山高坡陡，在交通和通信极不发达时，使得电力线路的日常检测成为一个艰难的任务，如图 6-1 所示。

传统的电力线路、管道巡线流程是工作人员亲自到现场巡视线路，巡视对象主要是杆塔、导线、变压器、绝缘子、横担、刀闸等设备，并以纸介质方式记录巡视情况，然后再人工录入到计算机中。因此，巡检受到人为因素的影响，在危险地段会危及到巡线工人的生命安危，并且人工录入数据量大、数据手工录入过程中容易出错；同时对于工作人员是否巡视到位无法进行有效的

图 6－1　无人机巡查

管理，巡视质量不能得到保障，线路的安全状况也得不到保证，留下了安全隐患。

无人机的进入使得艰难的电力巡线工作变得轻而易举。且随着现在的无人机航拍技术的发展、遥感技术的不断成熟，可利用无人机获取极为清晰的数据，且根据数据分析电路情况，这与人工巡检相比，完全是从手动流转向了技术流。而随之而来的是时间的节约，人们不用浪费大量的时间在巡线的途中，节约下来的时间就完全可以用到真正的线路维护上去，线路安全也将得到提高。

然而受关注的是，这样的新兴事物能否得到推广？根据当下的行业发展来看，无人机电路巡检推广会受到一定的限制。首先，进行电力巡检要用到的主体是无人机，那么现在无人机续航问题是不得不面对的。现在一般的无人机续航时间仍然很短，然而在很短的时间内要完成长线段的巡检显而易见是不可能的，如果在巡检到一定地段，无人机的续航时间结束的话，如何返程也是问题。由猎隼科技研制、开发的无人机可将航时延长至 1h，且电路不足时有安全提醒，并设置有当前点自动降落和原路返航两个模式，确保无人机安全着陆。

另外无人机电路巡检要求极熟练的操作人员进行操作，对于“飞手”的要求将不是那么简单的能把飞机飞起来就可以，无人机电路巡检要求驾驶员可以将无人机精确地控制到每一个需要检查的点上，因此成熟飞手的缺乏也会导致无人机巡检推广受影响。但是对于传统的电路巡检来说，电力无人机巡检仍然是改变传统作业的一个好的开端。对于高压线路而言，如果巡检工人进行带电作业的话，人身安全将受到很大的威胁，但出动无人机的话，工人的安全将受到很大的保障。

另外无人机的技术仍然在不断地发展与完善的过程中，相信未来那些因为续航能力等带来的发展阻碍都会因为技术的成熟而消失不见，在那个时候，电力无人机巡检将在传统作业方式中掀起滔天巨浪，科技必将改变世界，相信在未来无人机巡检将成为电力巡检的主要作业方式。

电力巡线对无人机系统提出以下要求：

(1) 可支持需要的监测频次。

(2) 具备一定的续航能力，支持需要的监测范围。

(3) 能适应复杂电力管网巡检外业中的特殊气象及地形环境。

(4) 监测信息实时传输能力。

(5) 设备模块化，可快速切换满足不同外业巡检的需求。

(6) 培训、操作的简易性，对起降环境的广谱适应性。

(7) 可满足电力管网分布，远离人口集中地等特点。

二、 无人机巡视主要功能

无人机搭载专用的、自主研发的“轻便型飞行器用伺服增稳云台红外热成像系统”，进行空中近距离测温，克服了地面测温误差大、分辨率低的不足，能精确判断发热故障点的位置，制定有针对性的抢修方案。

相比传统的地面测温方式，运用无人机进行空中红外测温有着巨大的优势。第一，技术优势。手持式红外测温仪要求严苛，受制于高度、背景光等因素，进行高空测温会有10℃以上的误差，而且温度数据分辨率过低，无法精确定位发热点，极可能造成抢修方案的误判。无人机空中近距离红外测温克服了以上地面测温的短板。第二，成本效益优势。2015年南方电网公司对输电线路红外预试的抽检率大幅提高至20%，一线运行班组工作量成几何倍数增长，单靠传统的人力巡线不足以适应新的工作要求。结合广州地区架空输电线路多位处郊区、山区的实际情况，输电工人在山脚下就能运用巡检飞行器对山上及相邻大小号侧2基杆塔进行准确测温，避免在山区的长途跋涉，节约了时间、人力成本，提升工作效率，如图6-2和图6-3所示。

三、 无人机电力巡线解决方案

无人机巡检系统主要针对输电线路实时监控检查电力故障，包括巡线任务规划、巡线结果分析、图像/影像数据管理、巡线信息查询、巡线结果展示等功能，融合了航空、影像、通信技术及后台分析系统，提高输电线路巡检的安全、效率及智能化水平。

无人机巡线无人机用于电力线的巡检工作，根据翼型不同，可飞行70min～4h，载重700g到2kg，分为电力驱动和油动两种，在技术手段和实际效果上，均满足无人机电力巡线的要求，可以获取清晰的视频和图像，如图6-4所示。

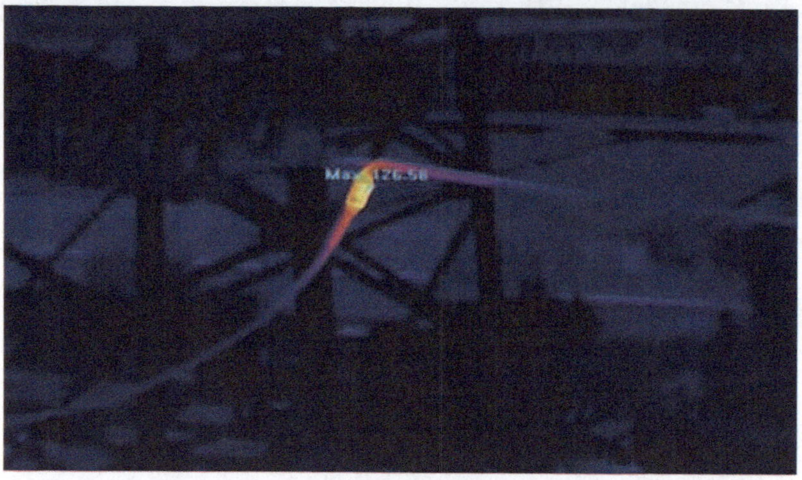

图 6-2　无人机红外成像图 1

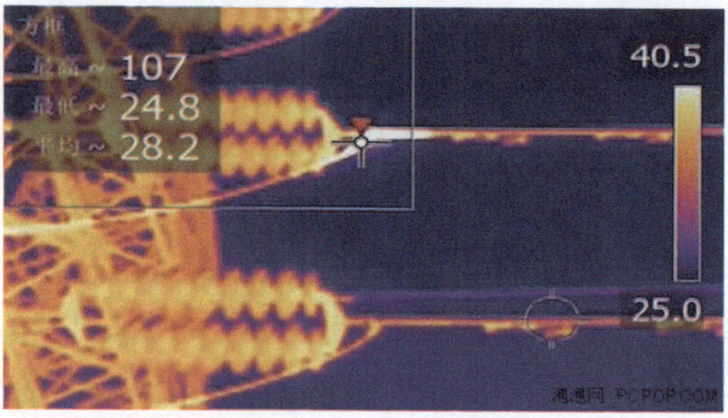

图 6-3　无人机红外成像图 2

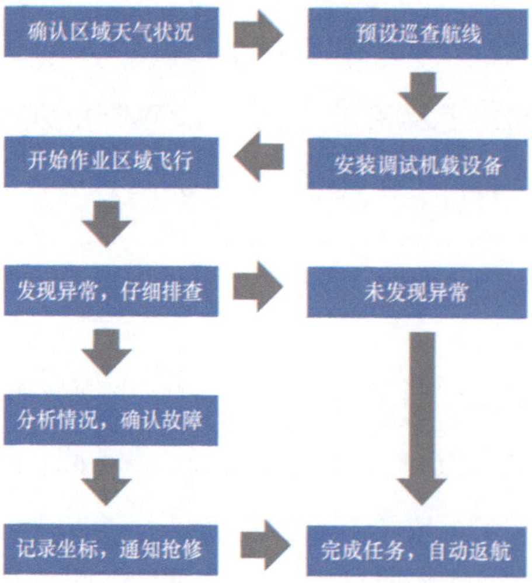

图 6-4　无人机电力巡线作业流程图

练习思考题

1. 电力巡线对无人机系统有哪些要求？

2. 电力巡检信息化管理系统由哪些部分组成？

第二节　助力抢修恢复供电

一、 抢修复电案例一

南方某供电局辖区出现大风和大暴雨的恶劣天气，多处低洼地带出现山洪、内涝，导致多条供电线路发生故障出现跳闸停电。第二天早上，天气稍有好转，供电公司在紧急抢修山农线故障跳闸之后，该公司东门供电所设备班工作人员又接到了抢修电话，需紧急处理另一处开关线路故障。

工作人员马上带上无人机赶往故障现场，如图 6 - 5 所示。

图 6 - 5　大暴雨过后出现山洪、内涝，抢修车辆无法从村级公路抵达故障现场

该故障线路是该公司供电所故障率高发的配网线路，线路遍布山林，跨越河流，分支路线较多，线路总长为约 84.288km，涉及变压器近 98 台，人工巡检本来就比较困难，加上刚刚下了大

暴雨，该线路所在的地段出现山洪、内涝，抢修车辆无法抵达，假如贸然爬上山路，毫无目标地开展巡视排查抢修工作，很容易发生危险，且巡检结果和效率也达不到较好的效果。

在了解清楚具体情况后，抢修人员从箱子里拿出飞机，迅速出动无人机参与到查障工作中。经过排查，终于发现了故障点。得到详实的情况汇报后，相关工作人员立即对发现的故障安排了进一步的抢修工作，通过全班人员的努力，故障线路于5h后全部送电完成。

二、 抢修复电案例二

受热带云团和东风气流的共同影响，某地出现大风和大暴雨的恶劣天气，其中南部山区等地受灾尤为严重，多处的低洼地带出现山洪、内涝，导致多条10kV供电线路发生故障出现跳闸停电。

第二天早上，天气稍有好转。供电公司在紧急抢修恢复了7条供电线路近80个停电台区的正常复电后，仍有一处10kV靖区线未能排查查找到故障原因。据了解，该10kV线路走廊多为经过高山沟壑，分支路较多，人工巡检本来就比较困难；加之刚刚下了大暴雨，该线路所在的地段出现山洪、内涝，抢修车辆无法抵达，假如人为地贸然爬上山路，毫无目标地开展巡视排查抢修工作，则很容易发生山体滑坡、路滑摔倒等危险，且巡检结果和效率也极可能达不到较好效果，如图6-6所示。

图6-6 无人机参与到抢修复电故障排查工作，迅速起飞调试

在了解清楚具体情况后，该公司为争取尽快查找出该线路的故障点，迅速出动无人机立即参与到查障工作中。在故障现场，无人机小组针对线路所经过的地形、地貌复杂等特点，精心部署、

细心谋划，经过排查，终于在10kV线坝首支线13号杆T接那迷分支线1号杆发现了故障点。从无人机连接的图传装置上，巡检人员清晰地看到：原本为3相10kV的导线，在杆塔上的另一端已变成了单相导线，另外2条导线不知所踪；飞行员随即在杆塔附近进行寻找，最终在两杆塔中间发现了2条被雷电击断并掉落到地面上的导线，如图6-7所示。

图6-7　无人机飞过山洪、内涝地带，寻找故障掉落的导线

该处抢修工作负责人在得到详实的情况汇报后，立即针对发现的故障安排了进一步抢修的工作。“有了无人机的帮助，不但大大减轻了我们的工作负担，还提高了巡检排查故障的效率，更为我们的人身安全提供了一份更强有力的安全保障。”

通过参与到本次的快速抢修复电工作，该公司无人机小组不但在抢修复电方面积累了宝贵的飞行经验，还充分体现出了无人机工作迅速、安全、便捷等特点，为下一步把无人机的潜能充分挖掘出来，融入到灾害抢修复电、迎峰度夏、安全隐患排查等工作中再奠定了更扎实的基础。

练习思考题

从事例中分析，无人机在输电线路抢修过程中有哪些优势？

第三节 高效除杂线路异物

一、 线路除杂奇兵

在南方沿海地区季风气候复杂多变，夏季台风频繁，强风经常把农用薄膜、塑料薄膜、编织带、广告条幅等吹刮到导线上。轻则引起线路放电跳闸，重则绝缘子掉串或断线。而且台风季节是夏季，正值迎峰度夏期间，高压线路往往无法停电，进而无法人工出导线摘除。因此，急需革新目前的人工作业方式，实现在线路不停电情况下清除线路飘挂物，如图 6－8 所示。

在以前，没有无人帮助的情况下，摘除飘挂物需要 4 个检修工人 2 个小时的工作量，现在无人机在一两分钟内可完成任务。在某次台风抢修恢复通电中，无人机迅速清除飘挂物 35 处，成为了抢修复电的一支科技尖兵，无人机作业十分高效。

图 6－8 无人机除障 1

二、 无人机线路除杂优势

在供电部门基层单位，流行着这么一句话："宁翻三座山，不登一级塔"，这句行业谚语道尽了登塔的艰辛。近年来，随着城市化进程的加速，输电线路外飘异物隐患不断攀升，引起线路跳闸，影响电网安全经济运行。防范外飘隐患引起的线路事故，除了加大巡视、宣传力度外，在已发现隐患的情况下，按照传统的除障方法需要紧急申请线路停电以及人工高空作业登塔出线去摘除，这将消耗大量的时间以及人力、物力，人工处理类似隐患用时将近 5～8h，同时也存在较大的人身风险与电网风险。

无人机喷火是解决这一难题的可行方法。普通的无人机，只要火舌一接触或者靠近高压线，就会被直接吸过去，因而在带电环境下喷火，是一项极富挑战性的课题，以往在世界范围内都没有先例。近年来，随着无人机的推广应用，电力员工逐渐探索出一套行之有效的处理方式，即首先令无人机喷洒出雾化水珠状的汽油作为燃料，待线路悬挂异物充分浸染后，再使无人机点火，然后立刻熄灭，避免电场力作用，并适时再度喷洒燃料助燃，如图 6－8 所示。这种方法对无人机操控手的要求较高，却可使原来数小时的清障时间缩短到数分钟，不仅提高了工作效率，还降低了人身危险。

无人机电热丝除障是另一可行途径。以多旋翼无人机为飞行平台，利用材料轻、硬度强的碳纤维管作为主体支架，一端通过连接板固定到无人机机架上，另一端连接由碳纤维板制作成的引导槽，在引导槽内部装有电热丝。电热丝连接电子电压调节器，通过遥控接收机提供的信号，调节调压系统控制的电压，改变通过电热丝的电流，从而实现电热丝温度调节。利用高温的电热丝烧断缠绕在电力线路上的飘带、风筝线等。该方法根据大部分外飘物的特点设计而出，主要应用在风筝线等细线外飘物除障方面。传统异物处理方式与无人机异物处理方式如图 6－9 和图 6－10 所示。

图 6－9　无人机喷火

此外，还可利用无人机机械手清障。机械手使用折叠机构和鱼丝线传动机构，刀具使用陶瓷材料，有效防止产生拉弧现象和减轻整体重量，保障无人机和操控系统的正常工作。机械手的制作要求严格的无人机配平调试，此设计有利于无人机的平衡和处理多种多

图 6-10　传统异物处理方式

样的障碍物。

三、 巡线第四类必备工具

据了解，截至目前南方电网公司广东电网有限责任公司配置到一线班组无人机已经达到 253 台，通过技能培训的一线班员 1263 人。目前无人机已经成为继刀子钳子、望远镜、红外测温仪外工人巡线的第四类必备工具。2016 年全年，广东电网有限责任公司无人机飞行时间达 4.5 万 min，细查线路故障 620 处。以前这些任务是需要人工登塔来完成的，这相当于无人机替代了 2016 年广东电网有限责任公司 95%的登塔作业，真正实现了空中作业零风险。同时，在线路不停电情况下，无人机喷火清除飘挂物，改变了传统的线路停电、人工摘除的作业方式。2016 年，无人机带电清除飘挂物 108 次，有效加强输电线路可靠性，产生了巨大经济效益。

练习思考题

无人机在输电线路除杂过程中有哪些手段?

第四节　灵活协助线路架设

一、 传统输电线路架设放线

随着国家对电力行业的不断投人，电网建设在近几年得到了大力发展。在山区、河流等条件复杂的环境下进行电网建设时，往往需要大量的人力物力去架设输电线路，不但成本高，而且作业时间比长。但不管是城市还是农村，对用电的需求都特别大，因此建设电网的周期要求特别短。如果采用人工作业的方式，建设时间长就会带来成本的增加。所以，电力行业迫切需要一种能够在成本和时间上给电网工程带来实质性收益的建设方式，无人机在这种大环境下应运而生。

输电线路架设放线施工，是输电线路架设一项常规工作，一般放线地形环境可分为：① 平原放线；② 丘陵放线；③ 江河湖海跨越放线；④ 山地放线；⑤ 原始丛林放线；⑥ 跨越线路或穿越线路放线等。根据科技技术的发展，放线类型可分为：① 人工放线；② 动物牵引放线；③ 机械、车辆、船艇牵引放线；④ 气球牵引放线；⑤ 动力飞艇牵引放线；⑥ 动力伞牵引放线；⑦ 直升机牵引放线；⑧ 多旋翼无人机牵引放线。

气球牵引放线主要用于大跨越的放线，由气球牵引线牵引，气球拉动牵引线进行大跨越放线。

动力飞艇牵引放线的优点是载荷大，可以直接带钢丝绳或牵引绳，其次是起降方便，场地要求有 50m^2 空地即可，缺点是飞行受风的影响大，4～5 级风即无法完成放线任务，且地面配合复杂，需要进行地面充氦气，成本较高。

动力伞牵引放线是近几年较为流行的一种放线方式，可以实现远距离放线，放线距离甚至可以达到单程 10km，但动力伞牵引放线也存在以下几点问题：

（1）动力伞需要空中 1～2 个人配合，危险系数较高。

（2）动力伞对空域气流及放线环境要求较高，大于 4 级风一般就无法进行放线，同时山谷气流对动力伞是非常致命的威胁，据悉 220kV 五银Ⅰ、Ⅱ路动力伞牵引放线突遇气流险些坠机。

（3）动力伞牵引放线需要 150～300m 的机耕路作为跑道，对场地要求还是非常高的。

（4）动力伞一般为概率放线法，牵引线抛掷在距离钢塔半径为 200m 左右范围内，需要施工人员寻找牵引线上塔。

（5）动力伞在执行大落差爬升放线任务时难度较大。

（6）动力伞牵引放线价格一般为 7000～30000 元/km，根据现场飞行情况、飞行总量和飞行要求确定。

直升机牵引放线价格昂贵，而多旋翼无人机牵引放线是这两年来慢慢流行的一种新型放线技术，一般可以实现每档 2km 距离的放线任务，特殊情况下可实现 5km 级别放线；一般一天可以完成 10km 档距的放线。

二、 无人机牵引放线

一般山区电力线路走廊长、地形情况复杂，线路所经地区山谷河流茂密森林，给电力线路架设带来极大不便，工程实施困难重重。为有效破解生态环境保护和架线施工的矛盾，供电公司有关部门多次勘察沿线地形、交叉跨越、施工场地等情况，决定试运用小型无人机展放导引绳进行导地线架设施工，如图 6 - 11 所示。

图 6 - 11　工作人员正在对飞机进行调试起飞半缩

工作人员利用八旋翼小型无人机，在近 50m 高的两基塔之间沿线路上空飞行，施放一根轻质高强引绳，一个来回完成任务只需不到 2min 时间。然后利用这根轻质引绳分三步牵引后续引绳，直至牵通一根三级引绳，并架设导线用无人机代替人工进行导引线的展放后，不仅解决了人力展放导引绳的高强度施放导引绳着陆困难等问题，也减少了线路通道的树木砍伐，最大限度地保护了自然生态，如图 6 - 12 所示。

图 6 - 12　工作人员登上铁塔正在接应无人机施放的引线半缩

无人机技术非常适合于山林、农田，江河湖泊地带的线路架设。以往人工展放导引线需要在山地、农田、江河湖泊等开辟通道，由此造成损坏经济作物、影响航道通行等给老百姓带来不少麻烦，如今无人机技术轻松解决，如图 6－13 所示。

图 6－13　工作人员正在操控无飞机进行放线半缩

多旋翼无人机牵引放线的优点是：

(1) 可以应付较为复杂的放线环境，包括各种跨越、穿越等。

(2) 无人机牵引放线一般可以抵御 6 级大风环境放线，在沿海、山谷地区可以实现安全放线，遇上突发气流，无人机基本可以安全放线。

(3) 特殊情况下无人机甚至可以实现 10 级风的放线任务。

(4) 无人机对放线场地要求很小，即使是在树林中，也可以实现起降。

(5) 无人机甚至可以实现丛林穿越放线、盲飞放线。

(6) 无人机可以实现杆塔精准放线，可以直接将牵引线穿越至每一基杆塔，实现牵引线直接上塔，大大提高了工作效率。

(7) 无人机费用较低。

练习思考题

1. 多旋翼无人机牵引放线的优点有哪些？
2. 动力伞牵引放线存在哪些问题？

本章小结

本章主要介绍了无人机在输电线路巡查，输电线路除杂，输电线路抢修以及输电线路架设四方面的具体事例，通过对无人机在这几个方面的特点分析进行学习。